西藏自治区《家畜组织胚胎学》精品课程项目资助出版

家畜组织学与胚胎学实验教程

芮亚培　邱刚　主编

中国农业出版社
北　京

图书在版编目（CIP）数据

家畜组织学与胚胎学实验教程 / 芮亚培，邱刚主编
.—北京：中国农业出版社，2021.12
ISBN 978-7-109-28604-7

Ⅰ.①家… Ⅱ.①芮… ②邱… Ⅲ.①家畜—动物组织学—实验—高等学校—教材②家畜—动物胚胎学—实验—高等学校—教材 Ⅳ.①S852.1-33

中国版本图书馆 CIP 数据核字（2021）第 149734 号

中国农业出版社出版
地址：北京市朝阳区麦子店街 18 号楼
邮编：100125
责任编辑：刘 伟 尹 杭
版式设计：杜 然　　责任校对：沙凯霖
印刷：三河市国英印务有限公司
版次：2021 年 12 月第 1 版
印次：2021 年 12 月河北第 1 次印刷
发行：新华书店北京发行所
开本：700mm×1000mm 1/16
印张：11.5　　插页：12
字数：300 千字
定价：40.00 元

编写人员

主　　编　芮亚培（西藏农牧学院/信阳农林学院）

　　　　　邱　刚（信阳农林学院）

参　　编　陈　敏（信阳农林学院）

　　　　　黄淑成（河南农业大学）

FOREWORD 前言

家畜组织学与胚胎学是畜牧兽医专业必修的一门以实验为基础的实践性和理论性都很强的基础课。通过实验课的学习，不仅使课堂理论知识得到验证，而且对培养学生理论联系实际的学风、实事求是的科学态度和探究问题的科学方法都具有重要意义。

本书在内容上分为两部分。第一部分是与理论内容相对应的实验部分，内容根据高等农林院校教材《家畜组织学与胚胎学》中理论部分的章节进行了实验安排，共分为17章。该部分对实验内容进行了详细的文字描述，并附以大量组织结构图片，以帮助学生掌握实验内容，使课堂知识更直观、形象。其中，95%的彩色组织图片来源于编者教学实验中的标本，同时也吸取了同类教材及相关彩色组织图谱的精华。第二部分为习题训练，题型有名词解释、填空题、单项选择题、多项选择题和问答题。该部分重点对名词概念、实验内容应用及相关基础知识进行了考核与训练。

本书由芮亚培、邱刚担任主编，信阳农林学院的陈敏、河南农业大学的黄淑成也参与了部分编写工作。其中芮亚培拟定了本书的编写大纲，并编写了第一部分的绪论至第十三章、第二部分的绪论至第六章，并负责相关组织切片图的采集、处理、编辑以及全书的统稿和校对工作。邱刚编写了第一部分的第十四至十七章、第二部分的第七至十三章内容。陈敏编写了第二部分的第十四章、第十五章。黄淑成编写了第二部分的第十六章、第十七章。

由于编者水平有限，书中不足之处敬请广大读者批评指正。

芮亚培

2020年9月

CONTENTS 目录

第二部分　习题训练

PART 1

第一部分
实　验

绪　论

一、实验课的目的与意义

1. 对于家畜组织学与胚胎学这门课程而言，实验课在教学中处于重要地位。通过实验课的学习，课堂理论知识可以得到验证，从而加深学生对所学课堂理论知识的理解。

2. 以课堂理论知识为基础，利用科学的逻辑思维方法，对所观察的组织切片、标本模型、相关电子图片等进行综合分析，提高学生的空间想象能力以及分析问题、解决问题的能力。

3. 通过绘图作业，要求学生学会科学记录的方法，掌握组织学绘图要点，树立严谨的科学态度。

4. 学习和掌握现代化实验设备的使用方法，提高实验课学习效率。

二、实验课的要求

1. 实验前要认真复习所学理论知识，预习实验指导，明确每次实验课的目的、要求、主要内容等，有准备地上好实验课。

2. 初次进入实验室，认真阅读实验室规章制度及相关注意事项，并在以后的实验课中严格遵守。

3. 按指导教师要求，正确、熟练地掌握显微镜和显微互动系统的使用方法。

4. 认真书写实验报告，按要求认真完成作业。

对于绘图作业，应按照知识要点仔细观察，并依据所观察标本的结构特点认真绘图，如实反映标本中各组织细胞的形态、大小、着色以及数量和结构的比例。组织学绘图需用红蓝铅笔，连续性结构可以用线条描绘（如细胞膜、核膜等），光镜下呈均质状态的成分（如细胞质）可以用点表示。绘图完成后使用签字笔进行标注，注字应使用规范的专业名称，标注线应平直，线与线平行，线条外侧端要上下对齐，以便注字整齐。一般要求在图的下方注明图片名称、组织来源、染色方法和放大倍数等。

对于使用显微互动系统提交的实验课作业，采集图片应清晰，然后对图中主要结构进行标注，保存后，编辑姓名、学号，按系统提示进行提交。

三、光学显微镜的构造和使用

光学显微镜是研究有机体微细结构、细胞内物质分布及有关细胞功能活动的光学仪器。光学显微镜分普通光学显微镜（简称光镜）和特殊光学显微镜，特殊光学显微镜包括荧光显微镜、相差显微镜、暗视野显微镜、偏光显微镜、倒置显微镜、共聚焦激光扫描显微镜等。本实验主要介绍普通光学显微镜的构造和使用。

（一）实验目的和要求

1. 了解光学显微镜的构造。
2. 熟练掌握光学显微镜的使用方法。
3. 了解当前的先进显微技术。

（二）实验内容

1. **光学显微镜的构造**　光学显微镜是组织学最常用的仪器。光学显微镜型号较多，但基本构造大致相同，都包括机械部分和光学部分。下面以普通型复式显微镜为例介绍其结构和使用方法。

（1）机械部分

① *镜座*　位于显微镜最底部，其作用是稳定和支持镜体。

② *镜臂*　是镜座与镜筒的连接部分，一般呈弓状，便于手握，在镜臂的下端两侧有调节螺旋，可升降载物台。镜臂右侧有电源开关和亮度调节旋钮。镜臂后方有电源线插口。

③ *载物台*　放置标本的平台，载物台中央有1个通光孔。载物台上有金属片夹和标本推进器，用以固定和移动切片。

④ *镜筒*　位于镜臂前上方，上端插目镜，下方连物镜转换器。

⑤ *物镜转换器*　圆盘状，一般有4个物镜口，供物镜按放大倍数高低顺序嵌入，以便根据观察需要将合适的物镜推到正确的使用位置。

⑥ *调节螺旋*　位于镜臂下端两侧，分粗调螺旋和细调螺旋。粗调螺旋，用于低倍镜调焦，调节范围大。细调螺旋用于高倍镜调焦，调节范围较小。

（2）光学部分

① *物镜*　在成像中起最重要的作用，装于物镜转换器上，一般有4×、10×、40×和100×，其中4×和10×称低倍镜，40×称高倍镜，100×称油镜。每个物镜的镜筒上通常标有主要性能系数，如数值孔径（N·A），N·A

值越大，透镜分辨率越高。

② 目镜　装于镜筒上端，作用是将物镜放大的实像再放大成虚像。目镜倍数有 5×、10×、15×等。图像的放大倍数＝物镜放大倍数×目镜放大倍数。观察时可根据需要，选择不同放大倍数的目镜。

③ 聚光器　位于载物台下方，将光线汇聚成束增强视野亮度。聚光器的一侧有调节螺旋，可根据需要调节亮度。

④ 光阑（光圈）　位于聚光器下方，它的一边有光圈调节杆，可调节光圈大小，以调节进入镜头的光线，控制聚光器的 N·A 值。

2. 光学显微镜的使用　显微镜是精密的光学仪器，取用、搬动、存放均需严格按操作规程进行。

（1）取用、搬动和放置　需要取用、搬动显微镜时，要用右手提镜臂，左手托镜座，保持镜体垂直，严禁单手提着镜臂走动。注意轻取轻放，使用时将显微镜平放于使用者胸前略偏左的位置，以便右手记录或绘图。显微镜距离实验台边缘不能太近，以免碰落损坏。

（2）调节亮度　转动物镜转换器，使低倍镜对准聚光器，双眼注视目镜，打开可变光阑，将亮度调节旋钮调至最小，打开电源开关，再适当调节亮度。上升聚光器，使光线进入物镜。调节亮度时，应根据光源光线的强弱、标本的具体情况和所用物镜的倍数，灵活运用聚光器和可变光阑。对于染色较浅或未经染色的标本，观察时要降低聚光器并缩小可变光阑，以增加标本的明暗对比；使用高倍镜或油镜时，要升高聚光器并开大可变光阑，使视野明亮。

（3）放置标本　将标本正面朝上放置于载物台上，用金属夹固定。应注意：当观察过厚盖玻片封固的标本时，不能用高倍镜或油镜观察。因为物镜的放大倍数越大，工作距离越小，过厚的盖玻片无法使高倍镜对被检标本聚焦。放反了的标本，实际上是将较厚的载玻片变成了盖玻片，也无法聚焦。

（4）调焦　将标本移至物镜下方，转动粗调螺旋，使载物台下降至最低限度。调用低倍物镜，双眼注视目镜，边观察边转动粗调螺旋，逐渐上升载物台，直至找到观察目标并将其调到清晰为止。使用低倍镜观察时标本视野区较广，便于对标本进行整体观察。当需要观察标本中某部分细节时，可将其移到视野中央，转换高倍镜观察。通常显微镜如已调好低倍镜的焦距，换高倍镜后只需用细调螺旋调焦即可。注意：转动粗调螺旋升降载物台时，当升降到一定程度卡住时，不可继续用力操作，以免损坏显微镜或标本。

（5）油镜的使用　使用油镜前，先使用低倍镜、高倍镜找到需放大观察的结构，将其移至视野中央。然后降低载物台，旋转物镜转换器，使镜头转离标本后在标本观察部位滴上一小滴香柏油。升高聚光器，开大可变光阑，使视野明亮。缓慢转换油镜，操作时注意从侧面观察镜头与玻片标本的距离，防止镜头压碎玻片标本，调节粗调螺旋，使油镜镜头浸入香柏油内紧贴玻片。再从目镜观察，转动粗调螺旋使油镜离开玻片，出现物像后再使用细调螺旋调至物像清晰为止。观察过程中，不可换用高倍镜在油区观察，以免污染高倍镜镜头。观察完毕后移开镜头，先用擦镜纸擦一遍，再用蘸取少许二甲苯或酒精的擦镜纸擦拭，机械部分可用纱布或绸布擦拭。

(6) 保养和收藏 使用完毕后，移开物镜，降低载物台，取出玻片标本，将玻片标本按顺序放入收藏盒，切忌高倍镜观察情况下直接取出，以免损坏镜头和玻片标本。如果本次实验已全部进行完毕，则下降镜筒和聚光器，使低倍物镜对准通光孔，将显微镜复原。切忌将高倍镜对准通光孔，以免损坏镜头。最后将显微镜套上保护罩，如需放入指定柜中，则严格按操作规程进行。

3. 观察切片时的相关注意事项

(1) 放置玻片标本前，先用肉眼分辨标本的正反面，同时观察其大体轮廓及着色情况。然后用金属夹或标本推进器将其正面朝上固定在载物台上，将标本着色部位对准载物台中央通光孔处进行观察。

(2) 观察时，物镜的使用应按照由低倍镜向高倍镜的顺序进行。低倍镜下，标本可见视野范围宽广，便于观察标本整体结构，但由于其分辨率相对较低，局部细节的观察需要使用高倍镜进一步放大。所以在低倍镜下找到观察目标后转换高倍镜进行细节观察。转换物镜时应注意：使用物镜转换器进行物镜转换，避免直接手扶物镜镜头旋转。

(3) 观察切片标本时，经常会看到标本中出现皱褶、染料沉积物、裂隙、气泡等现象，这些均为非组织结构，是切片制作过程中人为造成的，注意和切片中的自然组织结构进行区分。

（三）实验作业

1. 观察组织切片时，为什么要按低倍镜向高倍镜顺序进行？
2. 简述油镜的使用方法。

第一章　细　胞

细胞是生物体形态结构和功能的基本单位，也是生命活动的基本单位。生物有机体内细胞种类繁多，各种细胞的大小相差悬殊，形态各异。光镜下，可观察到细胞的基本结构由细胞膜、细胞质和细胞核组成；电镜下，根据各种可观察到的超微结构有无生物膜包裹，可分为膜性结构和非膜性结构。

一、实验目的与要求

1. 通过普通光学显微镜观察多种形态的细胞，认识其光镜结构。
2. 通过细胞模型和相关图片认识细胞的超微结构。
3. 了解细胞有丝分裂各时期的主要特征。

二、实验内容

（一）光镜下观察细胞的一般形态结构

1. **鸡红细胞**　标本：鸡血液涂片（瑞氏染色）。

高倍镜观察：见附图 1-1，血涂片中红细胞数量最多，鸡红细胞呈椭圆形，中央有一深染的椭圆形细胞核，胞质呈均质的红色。

2. **哺乳动物红细胞**　标本：驴血液涂片（瑞氏染色）。

高倍镜观察：见附图 1-2，成熟的红细胞内无细胞核和细胞器，胞体呈双凹圆盘状。胞质内充满血红蛋白，呈嗜酸性着色，中央染色浅，周边染色深。

3. **骨骼肌细胞**　标本：骨骼肌纵切面（HE 染色）。

高倍镜观察：见附图 1-3，骨骼肌细胞呈长圆柱状，有明显的横纹；细胞核很多，位于肌浆的周边，即肌膜下方，细胞核呈扁椭圆形。

4. **立方形细胞**　标本：甲状腺切片（HE 染色）。

高倍镜观察：见附图 1-4，可见滤泡上皮细胞呈立方形；细胞核位于中央，呈圆形；细胞质弱嗜酸性，分布在核的周围。

5. **柱状细胞**　标本：十二指肠切片（HE 染色）。

高倍镜下观察：细胞侧面观，呈高柱状，细胞核呈长椭圆形，与细胞长轴平行，位于细胞的基底侧，细胞游离缘有密集排列的微绒毛，构成光镜下可见的纹状缘或刷状缘（附图 1－5）。

（二）各种细胞器的认识

观察细胞模型及相关图片，认识线粒体、粗面内质网、滑面内质网、核糖体、高尔基体、溶酶体、过氧化物酶体、微管、微丝等结构特点。

（三）内含物

观察切片中的糖原。

标本：肝脏切片（PAS 染色）。

高倍镜观察：见附图 1－6，肝细胞界不明显，细胞核深染、圆形，细胞质内有大量的紫红色颗粒为肝糖原。

（四）动物细胞有丝分裂

观察动物或植物细胞有丝分裂组织切片标本（如马蛔虫子宫切片，铁苏木精染色）或观看动物细胞有丝分裂过程视频，认识细胞在有丝分裂各时期的典型结构变化。

三、实验作业

1. 绘制高倍镜下鸡红细胞结构图，标注细胞的基本结构。
2. 绘制高倍镜下单层立方上皮结构图，标注细胞的基本结构。

第二章　上皮组织

上皮组织由大量密集排列的细胞和少量的细胞间质构成。上皮组织的共同特点包括以下几点。①细胞成分多、排列紧密，间质成分少。②大多数细胞有明显的极性，朝向管、腔、囊的内表面或体表的一面称为游离面；朝向深层结缔组织的一面，称为基底面，基底面借薄层的基膜与结缔组织相连。③上皮组织中一般无血管和淋巴管，细胞所需营养物质依靠深层结缔组织中的血管通过基膜渗透获得。④上皮组织内神经末梢较为丰富，能感受各种刺激。⑤上皮组织具有保护、吸收、分泌、感觉和排泄等功能，但由于其结构和分布部位不同，生理功能各有侧重。

一、实验目的与要求

1. 熟练掌握上皮组织的一般结构特点。
2. 熟悉上皮组织的分类，掌握各种被覆上皮的结构特征并加以区别。
3. 了解外分泌腺中腺上皮的形态结构特点。
4. 了解上皮细胞表面的特化结构。

二、实验内容

（一）被覆上皮

1. **单层扁平上皮**　是最薄的上皮，仅由一层不规则的扁平细胞组成。表面观察细胞呈不规则形或多边形，似鱼鳞状，又称单层鳞状上皮。胞核呈椭圆形，位于细胞中央，细胞边缘呈锯齿状或波浪状互相嵌合。细胞侧面呈梭形，胞质少，只在核两侧略有增厚。

标本 1：肠系膜铺片（镀银染色法）。

高倍镜观察：见附图 2－1，肠系膜间皮由单层扁平细胞构成，相邻细胞互相嵌合，紧密排列，细胞边缘呈锯齿状，细胞中央可见细胞核。

标本 2：中静脉标本（HE 染色）。

高倍镜观察：见附图 2－2，中静脉内膜上皮为单层扁平上皮，侧面可看到凸起的蓝紫色细胞核，无核的部位较薄。

2. 单层立方上皮 由一层近似立方形的细胞组成。细胞侧面呈正立方形，胞核大而圆，位于中央。细胞表面观呈多边形。

标本：甲状腺切片（HE 染色）。

高倍镜观察：见附图 1－4，可见滤泡上皮细胞呈立方形，细胞核位于中央，呈圆形；细胞质弱嗜酸性，分布在核的周围。立方形细胞单层排列围成大小不等的滤泡腔，腔内充满嗜酸性的胶体成分。

3. 单层柱状上皮 由一层高棱柱状细胞组成。表面观察，细胞呈六角形或多边形。侧面观察，细胞呈高柱状，细胞核呈长椭圆形，与细胞长轴平行，位于细胞的基底侧。细胞游离缘有密集排列的微绒毛，构成光镜下可见的纹状缘或刷状缘。

标本：十二指肠切片（HE 染色）。

低倍镜观察：可见小肠腔面有很多皱襞。

高倍镜观察：见附图 1－5，单层柱状上皮细胞排列整齐，细胞界限不清楚。胞核密集呈椭圆形，位于细胞基底部。胞质呈粉红色，上皮细胞游离面可见有一层红色薄膜，侧面观为一条红线，即纹状缘。上皮细胞之间夹有杯状细胞，形似高脚酒杯，胞核呈三角形或扁平形，染成深蓝色，位于细胞底部较窄处。胞质内充满黏原颗粒，因不着色，呈空泡状。

4. 假复层纤毛柱状上皮 假复层纤毛柱状上皮由一层高低不同的柱状细胞、梭形细胞和锥形细胞组成，其中夹有杯状细胞。柱状细胞数量多，表面有大量密集的可定向摆动的纤毛，利于黏液排出。所有的细胞底部均与基膜接触，但只有高柱状细胞和杯状细胞的顶端可达上皮的游离面；梭形细胞夹于中央，锥形细胞位于基底部，细胞小而密集，核深染，可分化为其他类型的细胞。

标本：兔气管食管切片（HE 染色）。

肉眼观察：标本中粉色不规则管腔为食管，蓝紫色规则有型的管腔为气管。

低倍镜观察：找到气管的黏膜，将其置于视野中央。

高倍镜观察：气管管腔上皮细胞排列密集，分界不清；上皮游离面与基底面较整齐，但细胞核的位置高低不等，形似复层；上皮与深面组织之间的红色均质膜状结构为基膜。假复层柱状纤毛上皮由四种细胞组成。柱状细胞数量最多，呈高柱状，顶部较宽，达腔面，细胞核呈椭圆形，多位于细胞上部，故位于上皮的浅层；梭形细胞夹在其他细胞之间，胞体梭形，细胞界限不清，故不易分辨，胞核呈椭圆形，染色深，排列在上皮的中层；锥形细胞位于上皮的深部，胞体较小，呈锥体形，顶部嵌在其他细胞之间，胞核小而圆，居上皮的深层；杯状细胞夹杂在其他细胞之间，其顶端达上皮表面，胞核呈三角形或半月形，胞质呈空泡状，位于中层。另外，在上皮细胞游离面可见有密集、排列规则的细小突起——纤毛，在基底面可见明显的基膜，呈均质状粉红色薄膜（附图 2-3）。

5. **变移上皮** 又名移行上皮，光镜下形似复层，由表层细胞、中间层细胞和基底层细胞组成。电镜下观察变移上皮，可发现其基底层细胞附着于基膜，而且其表层和中间层细胞均有突起（脚突）附着于基膜，实际上为假复层上皮。

标本：膀胱切片（HE 染色）。

低倍镜观察：低倍镜下找到膀胱黏膜层结构，将其置于视野中央。

高倍镜观察：观察膀胱黏膜上皮，见附图 2-4，变移上皮的特点是细胞形态和层数可随器官的收缩与舒张状态而改变。膀胱收缩（空虚）时，上皮变厚，层数达 5～6 层，上皮最表层的细胞变大，呈圆盖状突向管腔，称盖细胞，偶见双核；中间层细胞为多边形，有些呈倒梨形；基底部细胞为矮柱状或立方形。膀胱扩张（充盈）时，上皮变薄，细胞层数减少到 2～3 层，细胞形状也变扁（附图 2-4）。

6. **复层扁平上皮** 又称复层鳞状上皮，是上皮中最厚的一种，上皮可达十几层至数十层厚。在垂直切面上可看到几种不同形态的细胞，近表面几层细胞为扁平细胞，中间为多边形细胞，紧靠基膜的基底层细胞为一层立方形或矮柱状细胞。位于皮肤表层的复层扁平上皮，浅层细胞富含角蛋白，无细胞器和细胞核，形成角质层而不断脱落，称为角化的复层扁平上皮；衬于口腔、咽、食管和阴道等腔面的复层扁平上皮，浅层细胞有核、胞质内角质蛋白较少，称为非角化复层扁平上皮。

标本：复层扁平上皮（HE 染色）。

低倍镜观察：上皮由多层细胞紧密排列组成，上皮基底面凹凸不平，呈波浪状。

高倍镜观察：见附图 2-5，基底部由一层矮柱状细胞组成，胞核较小，染色深；中间数层细胞为多角形，胞质染色较浅，细胞界限相对清晰，核呈圆形或椭圆形，位于细胞中央；表层细胞逐渐变为梭形和扁平形，染色浅，核扁平。

（二）腺上皮

标本：羊十二指肠横切（HE 染色）。

低倍镜观察：肠管中空的部分是肠腔。自肠腔由内向外，管壁最内层呈蓝色的是黏膜，黏膜外呈淡红色的是黏膜下层，黏膜下层外呈深红色的是肌层，肌层外淡红色的组织是浆膜。本实验重点观察黏膜层。

高倍镜观察：如附图 2－6 所示，肠黏膜表面的单层柱状上皮下陷至固有层结缔组织中，形成垂直于肠壁的直行盲管，即单管状腺，称肠腺。肠腺上皮与绒毛上皮相延续，主要由柱状细胞和杯状细胞组成，有些动物（如马、牛、羊等）肠腺底部可见潘氏细胞。

（三）上皮细胞表面的特化结构

观察相关图片及模型，认识上皮细胞游离面的特殊结构（微绒毛、纤毛）；上皮细胞侧面的特殊结构（紧密连接、黏合小带、黏合斑或桥粒、缝隙连接）；上皮细胞基底面的特殊结构（基膜、半桥粒）。

三、实验作业

1. 绘制高倍镜下部分单层柱状上皮组织结构图，标注杯状细胞、柱状细胞、纹状缘、基膜等结构。

2. 绘制高倍镜下假复层纤毛柱状上皮组织结构图，标注杯状细胞、柱状细胞、纤毛、基膜等结构。

3. 通过显微数码互动系统图像采集复层扁平上皮组织结构图，标注基底层细胞、中间层细胞和表层细胞。

第三章 固有结缔组织

结缔组织是机体内分布最广泛的一类组织，它分为胚性结缔组织和成体结缔组织。其中成体结缔组织分为固有结缔组织（疏松结缔组织、致密结缔组织、网状组织、脂肪组织）和特化的结缔组织（软骨组织、骨组织、血液和淋巴）。固有结缔组织的结构特点是：①细胞成分少（但细胞种类多），间质成分多；②细胞无极性，细胞分散在大量的细胞间质中；③含有丰富的血管，细胞通过组织液与血液之间进行物质交换；④分布广泛，结构和功能多样。

一、实验目的与要求

1. 掌握结缔组织的一般结构特点。
2. 掌握结缔组织的分类及固有结缔组织的形态结构特点。

二、实验内容

1. **疏松结缔组织** 疏松结缔组织又称蜂窝组织，结构疏松，呈蜂窝状，柔软而富有弹性和韧性，广泛分布在器官、组织和细胞之间，起支持、连接、营养和保护等作用。疏松结缔组织的细胞种类多，纤维少，相互交织在一起，细胞和纤维分散在大量的基质内。

标本：疏松结缔组织（间苯二酚-复红染色）。

高倍镜观察：见附图 3－1，结缔组织中细胞成分和纤维排列较疏松。染成粉红色带状的是胶原纤维，紫蓝色细丝状的是弹性纤维。成纤维细胞呈星形多突状，胞体较大，细胞质染色浅，细胞轮廓不清楚，不易分辨。肥大细胞胞体较大，呈圆形或椭圆形，核小而圆，居中，胞质内有粗大的、染成紫红色的颗粒（由于颗粒密集，颗粒本身常不易分辨）。

2. **规则致密结缔组织** 标本：肌腱纵、横切片（HE 染色）。

低倍镜和高倍镜观察：在纵切面上，胶原纤维束平行排列，染成红色。腱细胞单行排列于胶原纤维束之间，细胞核呈杆状或椭圆形（附图 3－2）；在横切面上，胶原纤维束呈大小不等的红色块状，腱细胞呈星形，有的可见细胞核。

3. **脂肪组织** 标本：脂肪组织切片（HE 染色）。

高倍镜观察：见附图 3－3，脂肪组织由大量脂肪细胞构成，脂肪细胞呈球形或多边形，由于在制片过程中脂滴被溶解，脂肪细胞常呈空泡状；少量细胞质位于细胞周边，染成红色；细胞核呈扁圆形，位于细胞边缘。脂肪细胞之间有时可见少量疏松结缔组织。

4. **网状组织** 网状组织由网状细胞、网状纤维和基质构成。网状细胞呈星状突起，突起彼此连接成网；胞核较大，呈圆形或椭圆形，染色质细而疏，着色浅，核仁明显。网状纤维由网状细胞产生，其分支连接成网，构成网状细胞的支架；其基质为组织液或淋巴液。

标本：淋巴结切片（镀银染色）。

低倍镜观察：选择比较疏松而色浅的部位，可见网状纤维呈黑色，较细，粗细不等，有分支，相互交错成网。

高倍镜观察：网状细胞依附于网状纤维，呈星形，多突起；细胞核较大，呈圆形，位于细胞中央，染色质少；细胞质着色浅（附图 3－4）。

三、实验作业

1. 绘制高倍镜下疏松结缔组织结构图，标注组织中各主要组成成分。

2. 通过显微数码互动系统图像采集致密结缔组织、脂肪组织、网状组织结构图，标注各组织中主要细胞及间质成分。

第四章 软骨与骨

软骨组织和骨组织属于特化的坚硬的结缔组织。软骨组织由软骨细胞和细胞间质（基质和纤维）构成，软骨细胞位于软骨陷窝内。根据基质内所含纤维不同，软骨分为透明软骨、弹性软骨、纤维软骨。骨组织由几种细胞和大量钙化的细胞间质组成。骨组织的细胞成分中，一类与骨基质的生成有关，在分化的不同阶段分别称为骨原细胞、成骨细胞和骨细胞，另一类与骨基质的分解吸收有关，称为破骨细胞。

一、实验目的与要求

1. 掌握软骨组织的分类及其结构特点。
2. 掌握骨组织的结构特点。

二、实验内容

1. **透明软骨** 标本：兔气管切片（HE 染色）。

低倍镜观察：软骨表面可见到由致密结缔组织构成的软骨膜，呈嗜酸性。中央的软骨基质着均质的灰蓝色，其中散布着许多软骨细胞。

高倍镜观察：软骨边缘的基质呈粉红色，由边缘至中央，软骨基质嗜碱性逐渐增强，由粉红色逐渐变为蓝色。软骨细胞位于软骨陷窝内，边缘的软骨细胞小，呈扁平形或椭圆形，常单个分布。越近中央，细胞体积渐大变成卵圆形或圆形（生活状态下软骨细胞充满整个软骨陷窝，制片后因胞质收缩，软骨细胞与陷窝壁之间出现空隙）。由于软骨细胞分裂增殖，一个陷窝内常可见到2～8个软骨细胞成群分布，称同源细胞群。软骨基质呈均质凝胶状，埋于其中的胶原纤维不能分辨。在软骨陷窝周围的基质中含有较多的硫酸软骨素而呈强嗜碱性，称软骨囊（附图 4－1）。

2. **弹性软骨** 标本：耳郭切片（Weigert’s 染色，HE 复染）。

高倍镜观察：弹性软骨的主要特征是基质中含有大量染成深蓝色的弹性纤维，交织成网。在软骨边缘的弹性纤维稀疏，深部的粗大而致密。软骨膜及软骨细胞的结构与透明软骨相同（附图 4－2）。

3. **纤维软骨** 标本：椎间盘切片（HE 染色）。

高倍镜观察：可见软骨基质中含有大量平行或交织排列的粗大胶原纤维束，HE 染色中呈嗜酸性，染成红色，软骨细胞成行分布于纤维束之间的软骨囊中。（附图 4-3）。

4. **密质骨** 标本：密质骨磨片。

低倍镜观察：密质骨由外向内为环骨板、骨单位、间骨板。

①环骨板包括外环骨板和内环骨板。外环骨板较厚，位于密质骨外表面，由数层或十几层骨板环绕骨干平行排列。内环骨板较薄，排列不很规则，与骨髓腔内的骨小梁相连。②骨单位（哈佛系统）位于内、外骨板之间，呈圆形、卵圆形或不规则形，大小不一，由 4～20 层骨板围绕中央管（哈佛管）呈同心圆排列（附图 4-4）。③间骨板是位于骨单位之间的一些呈不规则形状的骨板。

高倍镜观察：在骨板间或骨板内有许多深染的小窝为骨陷窝，其周围伸出的细管为骨小管。骨陷窝和骨小管是骨细胞及其突起存在的腔隙。另外还有少数呈横行或斜行的管道穿通内、外环骨板并与哈佛管相通。

三、实验作业

1. 绘制高倍镜下透明软骨组织结构图。
2. 绘制高倍镜下骨单位结构图。
3. 通过显微数码互动系统图像采集弹性软骨、纤维软骨组织结构图，标注各组织中主要成分。

第五章　血　液

血液是动物体内一种特殊的液态结缔组织，由血细胞（有形成分）和血浆（无形成分）构成，血浆相当于细胞间质，血细胞悬浮在血浆中。抗凝血离心后分为3层，上层淡黄色的液体是血浆，中间白色薄层是白细胞和血小板，下层红色部分是红细胞。在正常生理状态下，血细胞具有一定的形态结构和相对稳定的数量。通常采用瑞氏染色或姬姆萨染色血液涂片，观察血液中血细胞的形态和比例。

一、实验目的与要求

1. 掌握家畜血液中有形成分的形态结构特点，要求在显微镜下能正确地加以区分。

2. 了解畜禽血液的有形成分在形态上的异同。

二、实验内容

1. **哺乳动物**（马、牛、猪）**血涂片**（瑞氏染色）　标本：猪血涂片（瑞氏染色）。

肉眼观察：良好的血液涂片呈红色均匀的薄膜状。注意区分标本的正反面，有血膜面反光较差，观察时一定要观察正面。

血涂片中血细胞的形态不仅因动物而异，而且常因制片技术可使细胞形态或染色反应异常。如血膜过厚，出现细胞重叠、细胞直径缩小，血膜太薄，白细胞多集中于边缘。染色结果偏酸，红细胞和嗜酸性颗粒偏红，白细胞的细胞核呈极浅蓝色。染色结果偏碱，所有的红、白细胞呈灰蓝色，颗粒深暗等。良好的血涂片厚薄适宜，血膜分布均匀，呈粉红色。故观察时要根据具体情况对比分析，作出正确的判断。

低倍镜观察：选一厚薄适宜部位观察。大量无细胞核的红色小球为红细胞，其中的少数有蓝色细胞核的细胞为白细胞，故在低倍镜下根据细胞有无细胞核可区分出红细胞和白细胞。

高倍镜观察：红细胞呈红色，无细胞核，白细胞有细胞核。凡细胞核呈圆形、卵圆形或马蹄形，而细胞质中无特殊颗粒的，为无粒白细胞；凡细胞核分叶或呈腊肠状，而细胞质中有特殊颗粒的，为有粒白细胞。

油镜观察：在油镜下根据白细胞细胞核的形态，尤其是细胞质中有无特殊颗粒，可区分出红细胞、中性粒细胞、嗜酸性粒细胞和嗜碱性粒细胞等各种血细胞（附图 5－1）。

①红细胞，数量最多，体积小而分布均匀，呈粉红色的圆盘状，边缘厚，着色较深，中央薄，着色较浅，无核，胞质内充满血红蛋白。②中性粒细胞，是白细胞中较多的一种，体积比红细胞大，呈球形。细胞核为紫蓝色，染色质呈块状，细胞核多分为 2～5 叶，叶间有染色质丝相连，称之为分叶核；有的细胞核呈腊肠状或杆状为杆状核。细胞质内有大量分布均匀的细小的淡红色中性颗粒。③嗜酸性粒细胞，比中性粒细胞略大，数量少，呈球形；细胞核为蓝紫色，多分为两叶；细胞质内充满分布均匀的粗大的橘红色嗜酸性颗粒，轻调微调可见颗粒略带折光性。马的嗜酸性颗粒粗大，晶莹透亮，呈圆形或椭圆形，其他家畜的嗜酸性颗粒较小。④嗜碱性粒细胞，呈球形，数量很少，体积与嗜酸性粒细胞相近或略小。主要特征是胞质中含有大小不等，形状不一的嗜碱性颗粒，颗粒着蓝紫色，常盖于胞核上。

2. **禽类** 标本：鸡血涂片（瑞氏染色）。

鸡血的有形成分与家畜比较有以下不同（附图 5－2）。

①红细胞，呈椭圆形，中央有一深染的椭圆形细胞核，无核仁，胞质呈均质的淡红色。②中性粒细胞，又称异嗜性粒细胞，圆形，核具有 2～5 个分叶。胞质内有呈杆状或纺锤形的嗜酸性特殊颗粒。③凝血细胞，又称血栓细胞，相当于家畜的血小板。凝血细胞具有典型的细胞形态和结构，比红细胞略小，两端钝圆，核呈椭圆形，染色质致密，胞质具微嗜碱性，内有 1～2 个紫红的嗜天青颗粒。

其他血细胞与家畜血细胞形态相似。

三、实验作业

绘制高倍镜下牛（马、猪、犬、鸡）血液中各种有形成分结构图。

第六章 肌组织

肌组织主要由肌细胞组成，肌细胞之间有少量的结缔组织以及血管和神经。肌细胞呈长纤维形，又称肌纤维。根据结构和功能的特点，将肌组织分为三类：骨骼肌、心肌和平滑肌。骨骼肌和心肌属于横纹肌。骨骼肌受躯体神经支配，为随意肌；心肌和平滑肌受自主神经支配，为不随意肌。

一、实验目的与要求

1. 掌握各类肌组织的形态和结构特点。
2. 在显微镜下能正确识别各类肌组织纵、横切面的不同。

二、实验内容

1. **骨骼肌** 标本：骨骼肌纵切面（铁苏木精染色）、骨骼肌横切面（HE染色）。

低倍镜观察：骨骼肌的纵切面上有许多平行排列着的肌纤维，呈圆柱状，具有明暗相间的横纹，边缘有很多细胞核。横切面上可见许多被切成圆形或多边形的断面，肌纤维聚集成束。

高倍镜观察：骨骼肌纤维呈长圆柱状，有明显的横纹，在肌纤维膜下分布着一些椭圆形的细胞核（附图 6－1）。肌纤维内含有顺长轴平行排列的肌原纤维，很多肌原纤维上的明带（I 带）和暗带（A 带）相间排列，形成横纹。横切面上可见到少量位于周边的细胞核，其切面呈圆形。

2. **心肌** 标本：心肌纵切（铁苏木精染色）、心肌横切（HE 染色）。

高倍镜观察：纵切的心肌纤维呈短圆柱状，平行排列，有细而短的分支与邻近的肌纤维吻合成网。胞核呈椭圆形，1～2 个，位于细胞中央，核周围淡染。心肌纤维有明暗相间的横纹，但没有骨骼肌的明显。心肌纤维彼此连接处可见深染的粗线为闰盘（附图 6－2），闰盘为心肌特有的结构。心肌纤维横切面呈大小不等的圆形或椭圆形断面，细胞核的切面呈圆形。

3. **平滑肌** 标本：羊十二指肠横切面（HE 染色）。

低倍镜观察：十二指肠壁由内向外观察，依次是黏膜层、黏膜下层（淡红色）、肌层（深红色）和浆膜。肌层发达，平滑肌纤维呈内环行、外纵行排列。在此切面上内环肌呈纵切，外纵肌呈横切。

高倍镜观察：纵切的平滑肌纤维呈细长梭形，紧密排列彼此嵌合，细胞核呈长椭圆形，位于肌纤维中央，有时见到扭曲的细胞核，是由于平滑肌收缩所引起。胞质嗜酸性，呈均质状，无横纹（附图 6-3）。横切的肌纤维呈大小不等的圆形切面，有的切面中央可见圆形的细胞核，有的无核。

标本：平滑肌分离装片。

低倍镜观察：低倍镜下仔细寻找组织材料在载玻片中的部位，确定找到分离的平滑肌细胞后，换高倍镜观察。

高倍镜观察：平滑肌细胞呈长梭形，细胞核呈棒状，位于细胞中央（附图 6-4）。

4. 肌节的超微结构 观察相关图片，了解 I 带、A 带、H 带、M 线、Z 线的形成及构造。

三、实验作业

绘制高倍镜下骨骼肌、心肌、平滑肌纤维的纵、横切面图。

第七章 神经组织与神经系统

神经组织主要由神经细胞和神经胶质细胞组成。神经细胞即神经元，是神经系统的结构和功能单位，具有感受刺激、整合信息和传导冲动的功能，有些神经元（如丘脑下部某些神经元）还具有内分泌功能。神经元通过突触彼此连接，形成复杂的神经通路和网络，以实现神经系统的各种功能。神经胶质细胞相当于神经组织的间质成分，分布于神经元胞体和突起之间，对神经元起支持、营养、保护、绝缘和修复等作用。神经系统主要由神经组织构成，分为中枢神经系统和周围神经系统。中枢神经系统包括脑和脊髓；周围神经系统包括脑神经节和脑神经，脊神经节和脊神经，植物性神经节和植物性神经。

一、实验目的与要求

1. 掌握神经元及神经纤维的形态结构特点。
2. 掌握脊髓、小脑、大脑和神经节的组织结构。
3. 了解几种主要神经末梢的结构和几种神经胶质细胞的形态。

二、实验内容

（一）多极神经元

标本：脊髓横切面，银染（或 HE 染色）。

肉眼观察：标本略呈椭圆形，中间着色较深呈蝴蝶形或“H”形的是脊髓灰质，灰质周围着色浅的为白质。

低倍镜观察：先了解脊髓全貌，分辨脊髓的三对角、三对索、背正中隔、腹正中裂、脊髓中央管；把灰质置于视野中央，可见灰质中分布有大小不等、形态各异的多极神经元，位于腹角的神经元大而多（附图 7－1）；选择一个大而突起多、胞核清晰的神经元换高倍镜观察。

高倍镜观察：神经元由胞体（核周体）和胞突构成。

①胞体。运动神经元的胞体较大，中央有一个大而圆且着色较淡的细胞核，核与核仁均很清晰，用镀银法染色，胞体内可见有许多细丝状的神经元纤维（附图 7－2 和附图 7－3）。HE 染色的切片中，可见神经元胞质中散布着许

多深蓝色，大小不等的块状物即尼氏体（附图 7-4）。②胞突。胞突是神经元胞体发出的突起，有树突和轴突 2 种。多极神经元树突数目较多，胞体和树突中均含有尼氏体。一个神经元只有一个轴突，轴突起始部位常呈圆锥状，称为轴丘，此处不含尼氏体，着色浅，光镜下常依次特征区分树突和轴突。轴突因切面关系在切片标本中常不易显现，需多观察几个神经元仔细辨认。胞体和胞突内均有神经原纤维，在银染标本中呈棕黑色的细丝。

（二）神经纤维

1. 有髓神经纤维 标本：猫坐骨神经纵、横切面（HE 染色）。

肉眼观察：标本呈淡紫红色。

油镜观察：有髓神经纤维纵切面观察（附图 7-5），神经纤维的中央为轴索，呈紫红色，轴索周围是髓鞘，由雪旺氏细胞膜包绕而成，在 HE 染色切片上呈空泡细丝状。在髓鞘的边缘可见到长椭圆形的雪旺氏细胞核。在相邻的两个雪旺氏细胞之间出现的间隔为神经纤维结或称郎飞结，郎飞结处只有轴索而无髓鞘包裹。有髓神经纤维的横切面观察（附图 7-6），可见标本中有很多圆形的断面，中央深色的点为轴索的断端，周围呈网状的为髓鞘，最外面则是神经膜细胞的胞质。

2. 无髓神经纤维 标本：猫或兔交感神经纵切片（HE 染色）。

高倍镜观察：无髓神经纤维呈粉红色的纤维束，被神经膜细胞（雪旺氏细胞）包裹，但不被细胞膜缠绕，只是嵌入细胞质中，不形成髓鞘和神经纤维结。神经纤维表面有很多椭圆形的细胞核，大部分是神经膜细胞的细胞核，小部分是结缔组织的细胞核。

（三）神经末梢

1. 感觉神经末梢

（1）游离神经末梢 结构简单，由较细的有髓或无髓神经纤维的终末部分失去神经膜细胞后，轴突裸露并反复分支形成。游离神经末梢分布于上皮组织、结缔组织和肌组织内。功能是感受冷、热、疼痛和轻触刺激。

（2）有被囊的神经末梢 ①触觉小体呈卵圆形，被囊内有许多横向排列的扁平细胞，有髓神经纤维失去髓鞘后进入被囊。触觉小体主要感受触觉。②环层小体（附图 7-7）呈圆形或椭圆形，体积较大。环层小体的被囊由数十层扁平细胞呈同心圆排列构成，中轴一均质圆柱体为内棍。有髓神经纤维失去髓鞘后进入内棍。环层小体主要感受压力觉、振动觉和张力觉等。③肌梭呈梭形，分布于骨骼肌，肌梭被囊内含有若干条较细的肌纤维（梭内肌纤维），这些肌纤维的细胞核沿肌纤维纵轴成串排列或集中于中段而使所在部位呈现膨大，感觉神经纤维失去髓鞘后进入肌梭内反复分支。肌梭是一种本体感受器，主要功能是感受肌纤维的伸缩变化及机体的位置变化，以调节骨骼肌的活动。

2. 运动神经末梢

(1) 躯体运动神经末梢 分布于骨骼肌内。神经元胞体位于脊髓灰质腹角或脑干内，当其长轴突离开中枢神经系统抵达骨骼肌时，髓鞘消失，轴突反复分支，每一分支末端形成纽扣状膨大与骨骼肌形成化学突触连接，此连接区域呈椭圆形板状隆起，称运动终板。

标本：运动终板（氯化金染色）。

高倍镜观察：见附图 7－8，标本中可见一条较粗的、深黑色的运动神经纤维，分布于许多条淡红色的骨骼肌纤维上。神经纤维到达骨骼肌纤维前，分出许多爪状细支，每一细支的终末形成小球状膨大，附着于骨骼肌纤维表面，形成神经肌肉连接，连接处的椭圆形板状隆起即为运动终板。

(2) 内脏运动神经末梢 分布于心肌、腺上皮细胞及内脏和血管平滑肌等处的自主性神经末梢。

（四）脊髓

标本：脊髓横切面（HE 染色）。

肉眼观察：脊髓横切面呈椭圆形，脊髓中央呈蝴蝶形的结构是灰质，着色较深；周围着色浅的是白质。

低倍镜观察：移动标本观察脊髓全貌，外表面包有薄层结缔组织即脊软膜。脊髓背侧有背正中沟，腹侧有一深沟为腹正中裂。脊髓中央是灰质，其尖细的角为背角，钝而宽大的角为腹角，在胸腰部脊髓，背角与腹角之间还有外侧角。脊髓中央的小孔为脊髓中央管，由室管膜上皮围成。

高倍镜观察：脊髓灰质的神经元多为多极神经元，胞质内含尼氏体而呈嗜碱性着色。神经元之间还可见神经胶质细胞核及血管等。白质主要由神经纤维构成，其间可见少量神经胶质细胞核。

（五）小脑

(1) 小脑 标本：猪小脑切片（HE 染色）。

肉眼观察：小脑表面的横沟把小脑分隔成许多小脑叶片，每一小脑叶片都由外面的皮质（着色深）和深层的髓质（着色浅）构成。

低倍镜观察：辨认皮质的分层和髓质（附图 7－9）。

高倍镜观察：重点观察小脑皮质的分层结构，小脑皮质由表及里呈现明显的 3 层结构，见附图 7－10 所示。

①分子层位于皮质的最表层，较厚，呈淡红色。分子层中含大量神经纤

维，神经元少而分散。浅层的细胞只能看到细胞核，为星形细胞；深层的细胞可看到少量胞质，为蓝状细胞。②浦肯野细胞层位于分子层和颗粒层之间，由一层浦肯野细胞构成，浦肯野细胞是小脑皮质最大的神经元，胞体呈梨形，胞核圆，染色浅，核仁明显，胞体顶端的主树突伸入分子层，轴突穿过颗粒层进入髓质。③颗粒层位于皮质的最深层，较厚，由密集的颗粒细胞和一些胞体较大的高尔基细胞构成。由于细胞小且排列紧密，细胞轮廓不易分辨，仅见大量圆形或椭圆形嗜碱性的细胞核，似密集的颗粒。细胞核之间深红色的块状物，为小脑小球。

（2）小脑髓质（白质）　在颗粒层深面，由许多纵行排列的有髓神经纤维和神经胶质细胞构成。

标本：小脑切片（银染）。

低倍镜下观察，小脑皮质内的浦肯野细胞胞体呈梨形，顶部向分子层发出2～3条主树突，主树突反复分支形成宽大的扇形（附图7-11）。分子层浅层的星形细胞体积小，有数条短突起，分子层深层的蓝状细胞突起较长，与小脑表面平行延伸，并与浦肯野细胞发生联系。

（六）大脑

标本：猪大脑切片（HE染色或银染）。

肉眼观察：标本中可见明显的脑沟和脑回。

低倍镜观察：辨认脑软膜、大脑皮质和大脑髓质。

高倍镜观察：重点观察大脑皮质的分层。

①分子层为皮质的最浅层，HE染色呈淡粉色，神经纤维多，细胞少。②外颗粒层细胞小而密集，染色较深，以星形细胞和小锥体细胞为主。③外锥体细胞层细胞排列较外颗粒层稀疏，其浅层为小型锥体细胞，深层为中型锥体细胞。④内颗粒层细胞密集，多数是星形细胞。⑤内锥体细胞层主要由大、中型锥体细胞组成。⑥多形细胞层位于皮质最深面，紧靠髓质。该层细胞排列疏松，形态多样，以梭形细胞为主，还有锥体细胞、颗粒细胞等。

（七）神经节

标本：脊神经节（HE染色）。

低倍镜观察：脊神经节纵切面呈椭圆形，着紫红色。外表面有致密结缔组织被膜，并伸入节内分布于神经节细胞和神经纤维束之间。选择结构清晰的神经细胞群，换高倍镜观察。

高倍镜观察：脊神经节细胞的胞体切面多呈圆形，大小不等，胞质嗜酸性，尼氏体呈细颗粒状，胞核大而圆。偶见胞体一侧有一个淡红色的胞突起始部。围绕胞体外周的一层扁平或立方形细胞即卫星细胞。在细胞群之间可见到大量神经纤维的纵切面，其中主要是有髓神经纤维，无髓神经纤维很少（附图 7-12）。

三、实验作业

1. 绘制一个高倍镜下的多极神经元，标注其各部分结构名称。

2. 绘制高倍镜下的小脑皮质切面图，标注小脑皮质的分层。

3. 通过显微数码互动系统图像采集有髓神经纤维纵切面结构图，标注轴索、髓鞘、神经膜细胞核和郎飞结。

第八章 循环系统

循环系统是连续而封闭的管道系统，包括心血管系统和淋巴管系统。心血管系统由心脏、动脉、毛细血管和静脉组成。心脏是促使血液流动的动力泵，通过收缩和舒张，将血液输入动脉。动脉经各级分支将血液输送到毛细血管。毛细血管在体内各组织器官广泛分布，形成毛细血管网，是血液与周围组织进行物质交换的场所。静脉由毛细血管汇合移行而来，起始端也有物质交换功能，但主要功能是将进行物质交换后的血液回流至心脏。淋巴管系统由毛细淋巴管、淋巴管和淋巴导管组成，是一个分支的向心回流的管道系统，是血液循环系统的辅助装置，收集部分组织液回流入血液循环系统。

一、实验目的与要求

1. 掌握心壁的组织结构。
2. 掌握大动脉、中动脉和毛细血管的结构特点。
3. 与动脉相比了解静脉的结构特点。
4. 了解淋巴管的结构特点。
5. 显微镜下正确区分小动脉、小静脉和小淋巴管。

二、实验内容

（一）心脏

标本：心脏（HE 染色）。

低倍镜观察：从腔面开始由内向外观察心壁，紧靠腔面呈淡红色的部分为心内膜，心内膜外面较厚且着色深红的部分为心肌膜，最外层是心外膜，心外膜层含有较多的空泡样脂肪细胞。

高倍镜观察：①心内膜由内向外分为内皮、内皮下层和心内膜下层 3 层，见附图 8－1。内皮为单层扁平上皮，细胞核所在部位略隆起，其余部分很薄。内皮下层位于内皮外面，为薄层疏松结缔组织，内含少量平滑肌。心内膜下层为疏松结缔组织，与内皮下层分界不明显，内含血管、神经，可见明显的浦肯野纤维，其特征是比心肌纤维粗大，横切面呈圆形或椭圆形，胞质具嗜酸性，肌原纤维极少，胞核较小，圆形，有时可见双核。浦肯野纤维是区分心内膜与心外膜的重要标志。②心肌膜是心壁最厚的一层，主要由心肌纤维构成。心肌纤维呈螺旋状排列，可分为内纵肌、中环肌和外斜肌 3 层。它们多集合成束，肌束间分布有较多的结缔组织和毛细血管。③心外膜位于心壁最外层，很薄，由薄层疏松结缔组织和外表面的间皮构成，内含血管、神经和脂肪组织。

（二）中动脉及中静脉

标本：猪中等动、静脉横切面（HE 染色）。

肉眼观察：切片上中动脉的横切面呈圆形，管壁较厚，着色较深，管腔有形；中静脉管壁较薄，管腔大，管壁塌陷，管腔呈不规则形。

低倍镜观察：见附图 8－2，中动脉和中静脉的管壁由内向外均分为内膜、中膜、外膜 3 层。中动脉的内膜较薄，可见明显的染成深红色波浪状的内弹性膜；中间厚而红的一层为中膜；外层厚而着色浅的为外膜。与中动脉相比，中静脉管壁薄，内膜不发达，无内弹性膜；中膜较薄，平滑肌纤维少；外膜比中膜厚。然后将动、静脉分别置于高倍镜下观察。

高倍镜观察：中动脉管壁由内向外分为明显的 3 层，见附图 8－3。①内膜位于管壁最内层，很薄，由于内弹性膜的收缩，切面中呈波浪状，染成深红色。内膜由内向外分为又分为内皮、内皮下层和内弹性膜。内皮为单层扁平上皮，胞核深染并突向腔面，内皮细胞沿内弹性膜呈波浪状分布。内皮下层为薄层结缔组织，位于内皮与内弹性膜之间。内弹性膜为红色的波浪状条带，是内膜和中膜的分界。②中膜较厚，染色较深，由数十层环行平滑肌组成，肌纤维之间夹有少许淡红色的弹性纤维和胶原纤维。在中膜与外膜交界处，有密集的弹性纤维组成的外弹性膜，但不如内弹性膜明显。③外膜厚度与中膜相近，由疏松结缔组织构成，内含螺旋状或纵向分布的弹性纤维和胶原纤维，以及小的自养血管、淋巴管和神经纤维。

与中动脉相比，中静脉有内膜不发达，仅由内皮和内皮下层构成，内弹性膜不明显；中膜较薄，平滑肌层数少；外弹性膜不明显，外膜较中膜厚，外膜的疏松结缔组织中有散在的纵行平滑肌和自养血管的特点。

（三）大动脉

标本：羊大动脉横切片（HE 染色）。

高倍镜观察：与中动脉相比，大动脉管壁具有内皮下层较厚且明显；内弹性膜与中膜相连，内膜与中膜的界限不清楚；中膜较厚，有数十层红色弹性膜呈波浪状排列，弹性膜之间夹有少量平滑肌纤维、弹性纤维和胶原纤维（附图 8－4）；外膜较中膜薄，无明显外弹性膜，与中膜分界不明显的特点。

（四）小动脉、小静脉、小淋巴管和毛细血管

标本：小肠切片（HE 染色）。

重点观察小肠黏膜下层中的小动脉、小静脉、小淋巴管切面。

低倍镜观察：小动脉管腔小、管壁厚、着色深，管腔内血细胞数量少或无，内皮外可见数层环行平滑肌，平滑肌外面的结缔组织与血管间结缔组织相连。小静脉管壁薄，着色浅，管腔大而不规则，腔内有血细胞，内皮细胞外面仅见到薄层结缔组织。小淋巴管的结构与静脉相似，但管腔相对较大，管壁较薄，腔内可见一些淋巴细胞。毛细血管管壁薄，由内皮细胞围成，细胞核突向腔面；管腔较小，腔内常可见到红细胞。

三、实验作业

1. 绘制高倍镜下中动脉组织结构图，标注内膜、中膜、外膜、内皮、内弹性膜、外弹性膜、平滑肌纤维、弹性纤维等结构。

2. 通过显微数码互动系统图像采集心壁、大动脉、中静脉、小动脉、小静脉、小淋巴管、毛细血管组织结构图，分别标出其主要结构名称。

第九章 被皮系统

被皮系统包括皮肤及其衍生物（如蹄、趾、爪、角、喙、毛、汗腺、皮脂腺、乳腺等）。皮肤覆盖于体表，由表皮和真皮组成，借皮下组织与深部组织相连。被皮除有保护和感觉作用外，还有调节体温、分泌、排泄和储存物质等作用。皮肤厚度和结构随动物种类、性别、年龄、分布部位的不同而存在一些差异。

一、实验目的与要求

掌握家畜皮肤及其衍生物——毛、皮脂腺、汗腺及乳腺的组织结构。

二、实验内容

（一）有毛皮肤

标本：有毛皮肤组织切片（HE 染色）。

低倍镜观察：与无毛皮肤相比，有毛皮肤较薄，无透明层。在切片标本中辨认毛球、毛根、毛乳头、毛囊等结构（附图 9-1）。①毛露出皮肤之外的部分为毛干，埋入皮肤之内的部分为毛根，毛根末端膨大与周围毛囊构成毛球，毛球底部凹陷，突入结缔组织形成毛乳头。②毛囊包绕整个毛根，由表皮和真皮结缔组织向内凹陷形成。③皮脂腺位于毛囊附近，弱嗜酸性染色，几乎没有腺腔，分泌部由多角形细胞组成。导管很短，通毛囊。④汗腺为单曲管状线，分泌部位于皮下组织中，是一段盘曲成团的管道，导管由真皮进入表皮后，呈螺旋状走行，开口于毛囊或皮肤表面。⑤竖毛肌由平滑肌束组成，起于毛囊结缔组织鞘，斜向上行，止于真皮乳头层。竖毛肌收缩时毛发竖立，挤压汗腺、皮脂腺分泌，是动物恐惧和准备攻击的行为表现。因切面关系，切片中有时看不到竖毛肌。

（二）无毛皮肤

标本：猫（狗）趾垫切片（HE 染色）。

肉眼观察：切片中较厚的嗜酸性深染区及其下方薄层嗜碱性着色区为表

皮，表皮内侧呈嗜酸性的浅染区为真皮，真皮内侧结构疏松的嗜酸性浅染区为皮下组织。

低倍镜观察：①表皮为复层扁平上皮，位于皮肤浅层。②真皮与表皮相互嵌合，二者交界处呈波浪状。真皮分为乳头层和网状层，两者间无明显分界。乳头层位于真皮浅层，其纤维细密，细胞成分多，常可见到触觉小体，此层向表皮突出形成真皮乳头。网状层位于真皮深层，其胶原纤维束粗大并相互交织成网，着色较深，此层分布有丰富的血管、淋巴管和神经，常可见环层小体。③皮下组织主要是疏松结缔组织，可见汗腺和大量的脂肪细胞。

高倍镜观察：表皮由内向外分为基底层、棘细胞层、颗粒层、透明层和角质层。①基底层位于表皮最深层，可见一层排列紧密的立方形或矮柱状细胞附着于基膜上，胞核呈圆形，排列整齐。②棘细胞层由数层多边形细胞组成，细胞体积较大，胞核呈圆形，位于中央，胞质丰富。③颗粒层位于棘细胞层的外面，此层细胞呈梭形或扁平形，胞质中可见一些强嗜碱性的颗粒，即透明角质颗粒。④透明层位于颗粒层的外面，由几层扁平细胞组成，细胞间界限不清，胞质呈均质的嗜酸性。⑤角质层位于表皮最浅层，由多层扁平的角质细胞组成，细胞核消失，细胞轮廓不清，呈均质的红色。

（三）乳腺

乳腺属复管泡状腺，由实质和间质组成。乳腺实质由若干腺叶组成，每一腺叶包括分泌部和导管部，分泌部呈泡状和管状，导管部包括小叶内导管、小叶间导管、输乳管、乳池和乳头管。间质主要成分为疏松结缔组织，含有丰富的血管、淋巴管和神经纤维。

标本：牛泌乳期乳腺切片（HE 染色）。

低倍镜观察：乳腺实质被结缔组织分隔成许多大小不等的腺小叶。腺小叶内可见许多近圆形的腺泡及少量管腔很大的腺导管，腺泡和导管内多充满嗜酸性染色的乳汁凝固物。腺泡排列紧密，腺泡间结缔组织相对较少（附图 9-2）。

高倍镜观察：主要观察腺泡的结构。

①腺泡由单层腺上皮细胞围成。腺细胞的形态可因分泌周期的不同而变化。腺泡腔较大，有的含有淡红色的乳汁。腺上皮细胞与基膜之间有一种长而扁的细胞，具有杆状核，为肌上皮细胞。由于切面的不同，有的腺泡间仅见到一些细胞团，缺乏腺泡腔。②小叶内导管管壁为单层立方上皮，导管外有肌上皮细胞。导管直接与腺泡相接处较细，随后逐渐变粗。小叶间导管管径较粗，上皮为单层柱状上皮或双层立方上皮。

标本：牛静止期乳腺切片（HE 染色）。

与泌乳期乳腺结构相比，静止期乳腺的腺小叶内主要为腺导管，腺泡数量很少，腺上皮细胞处于静止状态，腺间结缔组织发达（附图 9-3）。

三、实验作业

1. 绘制低倍镜下有毛皮肤的组织结构图，标注毛囊、毛乳头、毛球、毛根、毛干及相关腺体等结构。

2. 通过显微数码互动系统采集泌乳期乳腺和静止期乳腺组织结构图，分别标注其主要结构名称，并比较两者在结构上的异同。

第十章　免疫系统

免疫系统由免疫细胞、免疫组织和免疫器官组成。免疫器官分为中枢免疫器官和外周免疫器官，其中胸腺、骨髓（哺乳类）、法氏囊（禽类）属于中枢免疫器官；淋巴结、脾、扁桃体、血结等属于外周免疫器官。免疫组织主要由淋巴细胞组成，此外还包括数量不等的浆细胞、巨噬细胞以及形成结构支架的网状细胞和纤维。在HE染色切片中，因淋巴结中含有大量的小淋巴细胞（胞核大，呈嗜碱性，细胞质少），故免疫组织呈紫色。

一、实验目的与要求

掌握主要免疫器官的组织结构。

二、实验内容

（一）胸腺

标本：猪胸腺切片（HE染色）。

低倍镜观察：见附图10-1，胸腺表面被覆一层粉红色结缔组织被膜，被膜深入组织内部形成小叶间隔，将胸腺实质分成许多不完全分隔的胸腺小叶，小叶周边着色深的部位是皮质，中间着色浅的是髓质。

高倍镜观察：① 皮质。胸腺皮质以上皮性网状细胞为支架，间隙内含有大量胸腺细胞和少量巨噬细胞，因细胞密集，故着色较深（附图10-2）。上皮性网状细胞（星形上皮细胞）分布于被膜下和胸腺细胞之间，多呈星形，有突起，胞核大，着色浅。常在被膜下及血管周围形成完整的一层，参与构成血-胸腺屏障。胸腺细胞在胸腺皮质区排列密集，皮质浅层大多为大、中型淋巴细胞，皮质深层大多为小型淋巴细胞。巨噬细胞分散在皮质中或存在于血管与上皮网状细胞之间，胞质内常见吞噬碎片。② 髓质。胸腺髓质区因淋巴细胞数量少，着色较浅。此区上皮性网状细胞较多，巨噬细胞较少。髓质区常见分散存在的胸腺小体，卵圆形，呈嗜酸性染色，它由上皮细胞呈同心圆状包绕形成，内部上皮细胞胞质中含较多角蛋白，胞核退化，中心的上皮细胞完全角质化（附图10-3），胸腺小体是胸腺髓质的特征性结构。

（二）法氏囊

法氏囊是禽类特有的免疫器官，位于肛门背侧，呈憩室状。法氏囊是产生B淋巴细胞的中枢淋巴器官，雏禽发达，出生后不久逐渐退化。

标本：鸡法氏囊切片（HE染色）。

肉眼观察：法氏囊具有管状器官的一般结构。切面呈不规则的圆形，囊腔内可见由黏膜和部分黏膜下层形成的皱襞。

低倍镜观察：法氏囊的囊壁由黏膜层、黏膜下层、肌层和外膜构成（附图10-4）。①黏膜层由黏膜上皮和固有层组成，缺乏黏膜肌。固有层中可见许多淋巴小结样结构，呈不规则的多边形，称为法氏囊小结。②黏膜下层由薄层疏松结缔组织构成，参与形成黏膜皱襞，在皱襞中央形成中轴。③肌层由内纵外环或斜行的平滑肌组成。④外膜为薄层浆膜。

高倍镜观察：重点观察法氏囊小结的结构。法氏囊小结浅层深染的区域是皮质，中央浅染的区域是髓质，皮质与髓质之间有一层排列较整齐的上皮细胞层（附图10-5）。①皮质以上皮性网状细胞和网状纤维为支架，内有密集的中、小型淋巴细胞和少量巨噬细胞。切片中上皮性网状细胞不易分辨，网状纤维需用银染法显示。②髓质以上皮性网状细胞为支架，内有密集的大、中型淋巴细胞和少量巨噬细胞。与皮质相比，髓质内细胞排列较为疏松，上皮性网状细胞胞体较大，胞质有突起，巨噬细胞胞质内常见有深染的吞噬碎片。法氏囊小结靠近黏膜一侧，髓质穿过皮质直接与黏膜上皮相连，此处上皮细胞较矮，排列成簇状，称小结相关上皮。

（三）淋巴结

标本：羊淋巴结切片（HE染色）。

肉眼观察：淋巴结切面呈豆状，一侧有一凹陷为淋巴结门部，是血管、神经和输出淋巴管通过的地方。淋巴结表面被覆有薄层淡红色的被膜，实质浅层紫色区域为淋巴结皮质，深层淡红色区域为淋巴结髓质。

低倍镜观察：①被膜和小梁，被膜被覆于淋巴结外周，由薄层结缔组织构成，呈淡红色。被膜和门部的结缔组织伸入淋巴结实质形成粗细不等的小梁，小梁互相连接成网，构成淋巴结的粗支架，连同神经、血管一起形成淋巴结的间质。②淋巴结的实质分为外周的皮质和中央的髓质。皮质（附图10-6）位于被膜下方，由浅层皮质、深层皮质和皮质淋巴窦组成。浅层皮质由淋巴小结和小结间弥散淋巴组织构成。淋巴小结位于皮质浅层，呈圆形或椭圆形的密集淋巴组织，与周围组织界限清晰，呈嗜碱性深染。发育完善的淋巴小结中央有一淡染的区域称生发中心。生发中心可分为明区和暗区，明区主要含有中淋巴细胞，染色浅；暗区主要含大淋巴细胞，染色深。明区上方覆盖着由密集小淋巴细胞构成的半月形结构，称为小结帽。深层皮质（副皮质区）位于皮质深部，为厚层弥散淋巴组织，主要含T淋巴细胞，属胸腺依赖区。皮质淋巴窦简称皮窦，包括被膜下窦和小梁周窦。髓质为髓索和髓窦组成的弥散淋巴组织。髓索是相互连接的淋巴索。髓窦即髓质淋巴窦，位于髓索之间，结构与皮窦相同，但腔隙较宽大。

高倍镜观察：①被膜和小梁，淋巴结门部结缔组织较多并伴有输出淋巴管和血管的切面。结缔组织从多处伸入皮质和髓质，形成小梁，小梁断面呈淡红色，粗细不等，形态各异，有的小梁上可见到血管，即小梁动脉和小梁静脉。②皮质淋巴窦，将切片标本移至被膜深面或小梁周围，可见一些疏网状间隙，即为皮质淋巴窦。皮质淋巴窦分为被膜下窦和小梁周窦，窦壁为连续性的单层扁平上皮，窦内有网状细胞、巨噬细胞和淋巴细胞等。③毛细血管后微静脉，髓索中央常有一条毛细血管后微静脉，是血液内淋巴细胞进入髓索的通道，管腔内常见淋巴细胞。④淋巴结髓质（附图10－7），可分为髓索和髓窦。髓索呈条索状，彼此吻合成网，主要由B淋巴细胞构成，此外还有浆细胞、网状细胞和巨噬细胞等；髓窦为髓索之间的疏网状区域，结构与皮质淋巴窦相同，窦腔较宽大。

（四）脾

标本：羊脾切片（HE染色）。

低倍镜观察：脾表面被覆有较厚的粉红色结缔组织被膜，被膜深入脾内形成许多有分支的小梁，小梁相互连接构成脾的粗支架。脾实质除小梁外称为脾髓，其中嗜酸性着色的组织为红髓，嗜碱性着色呈散在分布的团块为白髓（附图10－8）。

高倍镜观察：①脾白髓主要由脾小结、中央动脉和动脉周围淋巴鞘构成（附图10－9）。脾小结即淋巴小结，位于中央动脉周围淋巴鞘的一侧，主要由B淋巴细胞构成，发育良好的常见生发中心和小结帽。与淋巴结中淋巴小结不同的是，脾小结内有中央动脉的分支穿过，大多数处于偏心位置，只有极少数位于中央。中央动脉是小梁动脉的分支，位于白髓中央，其周围分布有厚层的弥散淋巴组织。淋巴鞘是围绕中央动脉周围的厚层弥散淋巴组织，由大量T细胞、少量巨噬细胞、交错突细胞等构成，属胸腺依赖区，相当于淋巴结的副皮质区。②红髓主要由脾索和脾血窦构成。边缘区是红髓与白髓交界的狭窄区域，有较松散分布的淋巴细胞、巨噬细胞、血细胞和少量的浆细胞。由于制片时组织收缩，切片上边缘区不明显。脾索是富含血细胞的淋巴索，呈不规则的条索状，相互连接成网。脾索内含有B细胞、T细胞、巨噬细胞、浆细胞和红细胞等。脾血窦位于脾索之间，形态不规则，窦壁由一层长杆状内皮细胞平行排列围成。内皮细胞沿脾窦的长轴排列，纵切时呈扁圆形，横切时呈圆形，胞核突向窦腔，细胞间有间隙。脾窦内充满各种血细胞。

三、实验作业

1. 通过显微数码互动系统采集脾的局部，标注被膜、小梁、白髓、中央动脉、动脉周围淋巴鞘、脾小结、红髓、髓索、髓窦等结构的图像。

2. 绘制高倍镜下胸腺小叶的局部区域，标注皮质、髓质、胸腺细胞、上皮性网状细胞、胸腺小体。

第十一章　内分泌系统

内分泌系统由独立的内分泌腺、散在的内分泌细胞群和兼有内分泌功能的细胞构成，是动物机体内重要的调节系统。独立的内分泌腺的结构特点是：细胞排列呈团状、索状、网状或滤泡状，它们之间分布有丰富的毛细血管和毛细淋巴管；内分泌腺无导管，分泌物直接进入血液、淋巴或组织液，到达其作用的靶器官。

一、实验目的与要求

1. 掌握甲状腺、肾上腺、脑垂体的组织结构及其功能的相互关系。
2. 了解甲状旁腺的组织结构和功能。

二、实验内容

（一）甲状腺与甲状旁腺

标本：羊甲状腺与甲状旁腺切片（HE染色）。

肉眼观察：切片中体积较大且着色浅的为甲状腺，甲状腺旁边有一体积小且着色深的为甲状旁腺。

1. **甲状腺**　低倍镜观察：见附图11－1，甲状腺外被覆一层薄的结缔组织被膜，被膜伸入腺实质将其分为不明显的腺小叶。腺小叶内可见许多大小不等的圆形或不规则形滤泡，滤泡腔内充满红色的嗜酸性胶状物质。

高倍镜观察：见附图1－4，甲状腺滤泡由单层立方上皮细胞围成，细胞核圆形，位于细胞中央。滤泡腔内充满嗜酸性胶状物质，内含甲状腺球蛋白。滤泡上皮细胞和胶体形态与滤泡的活动状态有关，滤泡处于活动期时，上皮细胞变高，胶体边缘不整齐，呈空泡样；滤泡处于休止期时，上皮细胞变矮，胶体边缘光滑。滤泡旁细胞分散于滤泡上皮细胞之间或成群分布于滤泡间结缔组织内，细胞呈卵圆形，体积较滤泡上皮细胞稍大，HE染色切片上着色较浅，不易辨认，用镀银法染色可呈现出棕褐色（附图11－2）。

2. **甲状旁腺**　低倍镜观察：见附图11－3，甲状旁腺位于甲状腺的一侧，体积较小，着色相对较深，实质内腺细胞排列密集。

高倍镜观察：甲状旁腺实质内可见主细胞排列成团索状，其间富含窦状毛细血管。主细胞呈圆形或多边形，胞质着色浅，呈弱嗜酸性，胞核圆形，位于细胞中央。羊的甲状旁腺内可见少量体积大、胞质丰富、嗜酸性着色的嗜酸性细胞（附图 11－4）。

（二）肾上腺

标本：羊肾上腺切片（HE 染色）。

低倍镜观察：见附图 11－5，肾上腺外面被覆有致密结缔组织被膜，被膜下方呈嗜酸性着色的为外周的皮质，皮质由外向内依次为多形带、束状带和网状带，皮质深层呈弱嗜碱性着色的为中央的髓质，髓质中央有中央静脉。

高倍镜观察：①被膜成分为致密结缔组织，其中少量结缔组织伸入腺实质分布于腺细胞索或细胞团之间，形成间质。②皮质可根据腺细胞的形态结构和排列方式，从外向内依次分为 3 个带。多形带（附图 11－6）位于被膜下方，胞质着色相对较浅，细胞核圆形，位于细胞中央。细胞排列呈不规则的团块状，又称球状带（反刍动物）。猪的多形带排列呈不规则的索状，马的则排列成弓状。多形带细胞分泌盐皮质激素，如醛固酮，能促进肾远曲小管和集合管重吸收 Na^+ 及排 K^+，同时刺激胃黏膜、唾液腺和汗腺吸收 Na^+，使血 Na^+ 浓度升高，K^+ 浓度降低，维持电解质的平衡。束状带（附图 11－7）位于多形带的深面，是皮质中最厚的部分。束状带细胞呈条束状平行排列；单个细胞呈多边形或立方形，体积较大，界限清楚，胞核圆，位于细胞中央，胞质着色浅，内含大量脂滴，制片时被溶解，故胞质着色浅而呈空泡状；束间毛细血管丰富。束状带细胞分泌糖皮质激素。该类激素可促使碳水化合物水解及糖原合成，对蛋白质和脂类代谢也有重要的调节功能，还有降低免疫应答及抗炎等作用。网状带（附图 11－8）位于皮质的最深层，细胞排列呈条索状并相互吻合成网，细胞质呈弱嗜酸性，内含少量脂滴。此区毛细血管排列不规则。网状带细胞主要分泌雄性激素、少量雌激素和糖皮质激素。③髓质，髓质位于肾上腺中央，主要由排列成索或团的髓质细胞组成，其间有许多血窦。髓质的中央有一腔大而壁薄的中央静脉。腺细胞呈卵圆形或多角形，用重铬酸钾处理后，细胞质中有棕黄色的分泌颗粒，故髓质细胞又称嗜铬细胞。嗜铬细胞分为肾上腺素细胞和去甲肾上腺素细胞，分别分泌肾上腺素和去甲肾上腺素。

（三）垂体

标本：垂体切片（HE 染色）。

肉眼观察：垂体表面为结缔组织被膜，实质着色较深的部分为远侧部，着色较浅的部分为神经部。

低倍镜观察：见附图 11－9，垂体远侧部与神经部之间的细长条部分为中间部，中间部与远侧部之间的裂隙为垂体裂。垂体茎中央的腔隙为垂体腔，垂体腔外着色较浅的为正中隆起，正中隆起外周着色较深的为结节部。

高倍镜观察：①在垂体远侧部，内分泌细胞排列成索状或团块状，细胞间有丰富的窦状毛细血管和少量结缔组织。在 HE 染色的切片上，根据细胞质着色的差异，可分为嗜酸性细胞、嗜碱性细胞和嫌色细胞 3 种类型。嗜酸性细胞数量相对较多，细胞体积较大，呈圆形或椭圆形，胞质呈嗜酸性着色，细胞核圆形，着色较深（附图 11－10）；嗜碱性细胞数量少，其胞体比嗜酸性细胞稍大，胞质呈嗜碱性着色，胞核较大，着色浅；嫌色细胞数量最多，细胞常聚集成团，细胞体积小，胞质着色浅，细胞界限不清，细胞核圆形或不规则形，着色浅（附图 11－10）。以上 3 种细胞的数量随位置不同而异，有些部位以嗜酸性细胞为主，有些部位以嗜碱性细胞为主，嫌色细胞可能在较大范围内集中分布。②垂体神经部主要由无髓神经纤维和神经胶质细胞组成，富含窦状毛细血管，神经部的垂体细胞着色较深，细胞轮廓清晰，胞质内常见色素颗粒和脂滴，是一种神经胶质细胞。神经部还可见大小不等的嗜酸性团块，称赫令小体（附图 11－11）。

三、实验作业

1. 绘制高倍镜下甲状腺的局部，标注被膜、滤泡上皮、胶体、滤泡旁细胞。

2. 通过数码显微互动系统图像采集高倍镜下垂体远侧部和神经部，标注嫌色细胞、嗜酸性细胞、嗜碱性细胞、垂体细胞、赫令小体等结构。

第十二章 消化系统

消化系统由消化管和消化腺组成。消化管是从口腔至肛门的一条粗细不等的连续管道，除口腔和咽外，消化管管壁的一般结构均由内向外依次分为黏膜层、黏膜下层、肌层和外膜。各段消化管的管壁结构既具有共同的分层规律，又具有与其功能相适应的特点。消化腺是分泌消化液的腺体，包括壁内腺和壁外腺。壁内腺常分布于口腔、胃壁和肠壁内，如小唾液腺、胃腺与肠腺；壁外腺是存在于消化管外的一些独立的腺体，如肝脏、胰腺。腺体分泌物需经导管输送至消化管，通过含有的各种消化酶分解饲料中的营养物质，以利于吸收。

一、实验目的与要求

1. 掌握主要消化管的组织结构。
2. 掌握各段消化管管壁结构的共性和特性。
3. 掌握主要消化腺的组织结构。

二、实验内容

(一) 食管

标本：兔食管横切面（HE 染色）。

肉眼观察：食管管腔内有数个皱襞（由黏膜和部分黏膜下层形成），管腔小而不规则。

低倍镜观察：见附图 12-1，食管的管壁由内向外依次分为黏膜层、黏膜下层、肌层和外膜（或浆膜）。

①黏膜层包括黏膜上皮、固有层和黏膜肌层。食管的黏膜上皮为复层扁平上皮。采食干、硬饲料或粗饲料的家畜，上皮角化明显。固有层为一般的疏松结缔组织。黏膜肌层为散在的纵行平滑肌束，呈嗜酸性着色。②黏膜下层为疏松结缔组织，内含大量食管腺，黏膜下层中还可见大量血管和神经。③肌层的肌组织类型常因动物种类和吞咽特点而不同。反刍动物和狗的肌层全部为骨骼肌，其他动物食管肌层的前段一般为骨骼肌，后段一般为平滑肌。④外膜（或浆膜），食管的颈段为结缔组织构成的外膜（纤维膜），之后为浆膜。

（二）胃

标本：胃底壁切片（HE 染色）。

低倍镜观察：区分胃壁以下 4 层结构。①胃黏膜层很厚，黏膜表面有许多小凹陷，称胃小凹，其底部有胃腺的开口。②黏膜下层为疏松结缔组织，内含丰富的血管和神经。③肌层较厚，一般由内斜、中环和外纵 3 层平滑肌构成。④浆膜是疏松结缔组织外表面被覆的一层间皮。

高倍镜观察：着重观察黏膜上皮的组织结构，见附图 12－2。①胃有腺部的黏膜上皮为单层柱状上皮，在 HE 染色切片上着色较浅，上皮下陷形成许多凹陷的小窝即胃小凹。②胃黏膜固有层很厚，内有大量密集排列的胃底腺，腺体之间有少量疏松结缔组织以及些许分散的平滑肌细胞。胃底腺由主细胞、壁细胞、颈黏液细胞和内分泌细胞组成。HE 切片上可见前 3 种细胞，内分泌细胞需用银染或免疫组织化学染色才可看到。主细胞数量最多，主要分布在腺体的体部和底部。主细胞呈柱状或锥体形，细胞核圆形，位于细胞基部，胞质呈嗜碱性着色，顶部充满酶原颗粒，在制片时，颗粒多溶解，使该部位呈空泡状。壁细胞体积较大，呈圆形或锥体形，细胞核圆形位于细胞中央，胞质呈强嗜酸性着色。壁细胞大多分布在胃底腺的颈部和体部。颈黏液细胞数量较少，多分布在胃底腺的颈部，但猪的颈黏液细胞分布于腺体各部，以底部居多。颈黏液细胞呈立方形或矮柱状，细胞核扁圆形位于细胞基部，胞质着色浅淡。③黏膜肌层有薄层平滑肌分布。

（三）小肠

标本：羊十二指肠横切面（HE 染色）。

肉眼观察：十二指肠肠腔内可见数个皱襞，皱襞是由黏膜和黏膜下层凸向管腔形成的永久性结构。

低倍镜观察：见附图 12－3，区分十二指肠肠壁的以下 4 层结构。①黏膜。十二指肠黏膜表面有许多不规则的突起为肠绒毛，肠绒毛是由黏膜上皮和固有层一起突起肠腔形成的特殊结构。黏膜固有层为疏松结缔组织，其中分布有许多直管状的肠腺，即小肠腺。固有层外侧为薄层平滑肌构成的黏膜肌层。②黏膜下层。十二指肠黏膜下层由疏松结缔组织构成，内含较大的血管、淋巴管、神经丛等。十二指肠的黏膜下层中含有大量的腺体，即十二指肠腺，此结构为十二指肠所特有。③肌层。十二指肠肌层由内环、外纵两层平滑肌构成。在横切面上内环肌层的肌纤维为纵切面，外纵肌层的肌纤维为横切面。两层平滑肌之间可见一些神经细胞，数量多于黏膜下神经丛。④浆膜。十二指肠的外膜为浆膜，由表面的间皮和间皮下结缔组织构成。

高倍镜观察（附图 12－4）：①绒毛。小肠黏膜表面分布有许多突向肠腔的细小突起，即小肠绒毛。小肠绒毛以固有层为中心，表面为单层柱状上皮，在高柱状细胞之间夹杂有杯状细胞和内分泌细胞。固有层内可见中央乳糜管和结缔组织细胞、毛细血管等。②肠腺。小肠黏膜固有层可见许多管状腺体为小肠腺，小肠腺的上皮由柱状细胞、杯状细胞和内分泌细胞等组成。内分泌细胞可采用银染或免疫组织化学方法显示。马、牛、羊等动物的肠腺底部还有潘氏细胞，呈锥体形，顶端胞质含嗜酸性颗粒。十二指肠黏膜下层中可见有大量的十二指肠腺。

（四）结肠

标本：结肠切片（HE 染色）。

高镜观察：与小肠相比，结肠无绒毛、肠腺发达、杯状细胞分布较多。

（五）唾液腺

唾液腺包括腮腺、颌下腺和舌下腺。腮腺为纯浆液腺，颌下腺和舌下腺为混合腺。

低倍镜观察：颌下腺为复管泡状腺，外面被覆结缔组织被膜，被膜伸入腺实质将腺体分为若干小叶。小叶内有许多腺泡和少量导管，小叶间结缔组织内有一些大导管。

高倍镜观察：①腺泡由腺上皮围成，在腺细胞的基底面外侧有扁平的肌上皮细胞，包括浆液性腺泡、黏液性腺泡和混合性腺泡。浆液性腺泡由锥形的浆液性腺细胞构成，细胞核圆形，位于中央或靠近细胞基底部，细胞顶部胞质内含有嗜酸性分泌颗粒，细胞基底部胞质呈强嗜碱性着色。黏液性腺泡由锥形的黏液性腺细胞构成，细胞核扁平，位于细胞基底部，细胞顶部胞质内含黏原颗粒，除在核周的少量胞质呈嗜碱性着色外，大部分胞质几乎不着色，呈空泡状。混合性腺泡由浆液性细胞和黏液性细胞共同构成。浆液性腺细胞常位于腺泡底部，切片中呈半月形排列，称浆半月。②导管。闰管和纹状管位于小叶内，小叶间导管位于小叶间结缔组织。闰管为导管的起始部，直接与腺泡相连，其管径小，管壁为单层扁平上皮或单层立方上皮。纹状管又称分泌管，与闰管相连，管壁为单层柱状上皮，细胞基部有纵纹，细胞核圆形，胞质呈嗜酸性着色。小叶间导管管腔大，管壁由单层柱状上皮移行为双层立方或假复层柱状上皮。

（六）肝

1. 标本：猪肝脏切片（HE 染色）。

低倍镜观察：见附图 12－5，肝脏表面被覆浆膜，其结缔组织伸入肝脏实质将其分为许多肝小叶。猪的肝小叶间结缔组织发达，肝小叶分界明显。肝小叶切面呈多边形，其中央有一中央静脉，肝板、肝血窦等围绕中央静脉呈辐射状排列；3个或多个肝小叶交界的结缔组织区域中常有3种伴行的管道，即小叶间动脉、小叶间静脉和小叶间胆管，此区域称为门管区。小叶间结缔组织不发达的肝组织，常以中央静脉和门管区所在的位置来判定肝小叶的范围，在非门管区的小叶间结缔组织中可见单独分布的小叶下静脉。

高倍镜观察：见附图12-6。①肝小叶以中央静脉为中心，肝板、肝血窦等围绕中央静脉向周围辐射状排列。中央静脉位于肝小叶中央，管壁为单层扁平上皮，因与周围的肝血窦相通而管壁不完整。肝细胞单层排列形成肝板。肝细胞呈多边形，核大而圆，位于细胞中央，有的细胞可见双核。肝血窦（肝窦）位于肝板之间，与肝板相间排列，其窦壁由内皮细胞构成，有细胞核的部位稍突出于窦腔。在肝血窦内分布有枯否细胞，该细胞呈星形，借突起附着在内皮细胞表面。在HE染色切片上，枯否细胞不易与内皮细胞区分，活体染色标本上可见明显的枯否细胞。胆小管是相邻肝细胞之间连接面的细胞膜局部凹陷成槽并相互对接形成的细小管道。用银染法或ATP酶组织化学反应可显示胆小管在肝细胞之间连接呈网状的细小管道。②门管区结缔组织内可见3种伴行的管道（附图12-7）。小叶间静脉为门静脉的分支，管腔较大而不规则，管壁薄。小叶间动脉是肝动脉的分支，管腔小，管壁相对较厚，可见平滑肌层。小叶间胆管管壁为单层立方上皮，细胞排列整齐，胞质染色浅，胞核圆形。

2. 标本：肝脏切片（银染）。

在银染的肝脏切片中可见肝小叶内分布有许多棕黑色的网状线条，即为胆小管。在银染的切片中肝细胞不易识别（附图12-8）。

3. 标本：枯否细胞（活体染色）。

枯否细胞属于单核吞噬细胞系统，利用其吞噬特性将一些无毒或低毒的染料如台盼蓝注射入动物活体内，枯否细胞可将染料吞噬入胞，之后再按常规方法制作组织切片并用醛复红复染，可见胞质内含有蓝色颗粒的细胞即为枯否细胞。

4. 标本：肝脏切片（PAS染色）。

高倍镜下可见切片中肝细胞内富含紫红色的颗粒，即为肝糖原（附图1-6）。

（七）胰腺

标本：豚鼠胰腺切片（HE染色）。

低倍镜观察：见附图12-9，胰腺表面被覆薄层粉红色结缔组织被膜，结缔组织伸入腺实质将其分隔为若干个大小不等的胰腺小叶，小叶内可见紫红色的腺泡和导管（胰腺外分泌部）以及着色浅淡且分布不规则的内分泌细胞团块（胰腺内分泌部）。

高倍镜观察：①胰腺外分泌部由腺泡和导管组成。腺泡（见附图 12 - 10）大小不等，均由浆液性腺细胞围成。腺细胞呈锥形，细胞核圆形位于细胞基部，顶部胞质内含嗜酸性分泌颗粒，基部胞质内因富含粗面内质网和游离核糖体而呈嗜碱性着色。腺泡中央有时可见泡心细胞，它是一种体积比较小的上皮细胞，是闰管起始细胞，其胞核呈扁圆形、胞质少且着色淡。导管包括闰管、小叶内导管和小叶间导管。闰管起始于泡心细胞，由单层扁平上皮构成，在腺泡附近可见。小叶内导管与闰管相接，其管壁为单层立方上皮，小叶内导管向小叶边缘移行，管径变粗，最后通入小叶间导管。小叶间导管位于小叶间结缔组织内，管腔较大，管壁为单层柱状上皮，上皮细胞间夹杂有杯状细胞。②胰腺内分泌部（附图 12 - 10）又称胰岛，为几种内分泌细胞构成的近圆形的细胞团，分布于腺泡之间，其着色较浅，细胞间可见丰富的毛细血管。HE 染色切片中无法分辨分胰岛内各种内分泌细胞。

三、实验作业

1. 通过数码显微互动系统采集高倍镜下胃底壁组织结构图，标注胃黏膜上皮、固有层、胃小凹、胃底腺、主细胞、壁细胞、颈黏液细胞、黏膜肌层。

2. 通过数码显微互动系统采集高倍镜下腺泡结构图，标注浆液性腺泡、黏液性腺泡、混合性腺泡、浆半月、肌上皮细胞。

3. 绘制高倍镜下肝小叶的局部，标注肝小叶、肝板、肝血窦、中央静脉、门管区、小叶间动脉、小叶间静脉、小叶间胆管。

4. 绘制高倍镜下胰腺的局部。标注腺泡、泡心细胞、小叶间导管、胰岛。

第十三章 呼吸系统

呼吸系统由呼吸道（鼻、咽、喉、气管、支气管）和肺组成。呼吸道为输送气体的通道，肺是进行气体交换的器官。肺表面被覆浆膜，内由实质和间质构成，实质部分包括肺内导气部（主支气管、叶支气管、段支气管、小支气管、细支气管和终末细支气管）和呼吸部（呼吸性细支气管、肺泡管、肺泡囊、肺泡），间质成分为结缔组织，内含血管、神经、淋巴管等。

一、实验目的与要求

1. 联系功能，掌握气管的组织结构特点。
2. 联系功能，掌握肺内导气部和呼吸部各段管壁结构的变化规律。

二、实验内容

（一）气管

标本：兔气管横切面（HE 染色）。

肉眼观察：气管管腔大，呈圆形。管壁中央有一嗜碱性着色的“C”形软骨环，软骨环的缺口处可见平滑肌束。

低倍镜观察：气管管壁由内向外依次分为黏膜、黏膜下层和外膜（附图 13-1）。

高倍镜观察：①黏膜由黏膜上皮和固有层组成。黏膜上皮为假复层纤毛柱状上皮。固有层为富含弹性纤维的结缔组织，并可见腺导管、血管、淋巴细胞、浆细胞等。②黏膜下层为疏松结缔组织，与固有层和外膜无明显界限，含气管腺。③外膜为致密结缔组织，较厚，含“C”形透明软骨环，缺口处为平滑肌束。

（二）肺

标本：牛肺切片（HE 染色）或牦牛肺切片（HE 染色）。

低倍镜观察：肺表面被覆浆膜，内由实质和间质构成，实质即肺内的导气部和呼吸部，间质为结缔组织。每个细支气管及其所属的分支和肺泡构成一个肺小叶。肺小叶是肺的结构单位，呈锥体形或不规则多边形。

①支气管管壁分为黏膜层、黏膜下层和外膜（附图 13－2）。黏膜层形成明显的皱襞，黏膜上皮为假复层纤毛柱状上皮，黏膜固有层下出现不连续的平滑肌束；黏膜下层中的腺体逐渐减少；外膜中的“C”形软骨环逐渐变为短小的软骨片，着色也变浅。②细支气管黏膜皱襞发达（附图 13－3），黏膜上皮为单层纤毛柱状上皮，杯状细胞极少；平滑肌增厚并形成完整的一层；软骨片逐渐消失。③终末细支气管黏膜皱襞消失（附图 13－4），黏膜上皮为单层纤毛柱状上皮，肌层薄。④呼吸性细支气管管壁上出现少量肺泡开口（附图 13－4）。管壁上皮起始端为单层纤毛柱状上皮，随后逐渐过渡为单层柱状上皮、单层立方上皮，邻近肺泡处为单层扁平上皮；上皮下结缔组织内有少量平滑肌和胶原纤维。⑤肺泡管管壁上有许多肺泡，自身的管壁结构很少，在切片上呈现为一系列相邻肺泡开口之间的结节状膨大，膨大表面被覆单层扁平上皮，薄层结缔组织内含弹性纤维和平滑肌。⑥肺泡囊（附图 13－4）是由几个肺泡围成的具有共同开口的囊状结构，相邻肺泡开口之间无平滑肌，故无结节状膨大。⑦肺泡为半球形或多面形囊泡，开口于呼吸性细支气管、肺泡管或肺泡囊（附图 13－4）。肺泡壁很薄，由单层肺泡上皮细胞组成。相邻肺泡之间的组织称肺泡隔。肺泡上皮由Ⅰ型肺泡细胞和Ⅱ型肺泡细胞组成。Ⅰ型肺泡细胞数量多，细胞很薄，只有核的部位稍厚。Ⅱ型肺泡细胞较小，呈圆形或立方形，散在凸起于Ⅰ型肺泡细胞之间。胞核圆形，胞质着色浅，呈泡沫状。肺泡隔内含密集的连续毛细血管和丰富的弹性纤维。肺泡隔内或肺泡腔内可见体积大、胞质内常含吞噬颗粒的细胞，即肺巨噬细胞，或称尘细胞。

三、实验作业

1. 绘制低倍镜下气管壁的组织结构图，标注气管的黏膜、黏膜上皮、固有层、黏膜下层、气管腺、C 形软骨环和外膜等结构。

2. 通过数码显微互动系统采集肺组织结构图，标注支气管、细支气管、终末细支气管、呼吸性细支气管、肺泡管、肺泡囊、肺泡等结构。

第十四章　泌尿系统

泌尿系统是动物机体最主要的排泄系统，由肾、输尿管、膀胱和尿道组成。肾是生成尿液的器官。肾的类型随动物种类不同而异，分为平滑单乳头肾、有沟多乳头肾和平滑多乳头肾3种。虽然肾的类型不同，但在结构上都由被膜和实质（分为皮质和髓质）构成。

一、实验目的与要求

1. 掌握肾的组织结构。
2. 了解膀胱在不同功能状态下的结构特点。

二、实验内容

标本：猪肾切片（HE染色）。

低倍镜观察：肾表面为致密结缔组织构成的被膜，肾实质的浅层为皮质，深层为髓质。皮质位于肾的外周，皮质内可见大量球状的颗粒样结构（为肾小体）和许多辐射状的条纹（为髓放线），髓放线周围的皮质分布有许多弯曲盘绕的小管为皮质迷路（附图14-1）。髓质位于肾的内侧，着色浅，多乳头肾的髓质中可见明显的肾锥体。肾锥体底部宽大，顶端钝圆，肾锥体底部发出许多辐射状条纹伸入皮质称髓放线。

高倍镜观察：①肾小体（附图14-2）分布于皮质迷路内，呈圆球形，由血管球和肾小囊组成。肾小体分为血管极（为小动脉出入的一端）和尿极（血管极对侧与近曲小管相连的一端）。血管球是肾小囊中一团盘曲呈球状的毛细血管。血管球外面是肾小囊，它是肾小管起始部膨大凹陷形成的双层杯状囊。肾小囊的壁层为单层扁平上皮，脏层由足细胞构成，足细胞胞体大，附着在毛细血管基膜上。肾小囊壁层与脏层之间的狭窄腔隙为肾小囊腔，它与近曲小管管腔相通。②肾小管包括近端小管（包括曲部和直部）、细段和远端小管（包括曲部和直部）。近端小管曲部（附图14-2）位于肾小体周围，与肾小囊壁层相连，管径较粗，管腔小而不规则。上皮细胞呈锥体形或立方形，细胞间界限不清晰，胞体较大，胞质呈强嗜酸性，细胞核圆形，位于细胞基部。上皮细胞腔面有刷状缘，细胞基部有纵纹。细段在髓质中连接近端小管的直部，管径细，管腔小，管壁由单层扁平上皮构成，细胞核突向管腔。细段与毛细血管的区别是毛细血管内常见血细胞且管腔比细段更小，内皮细胞更扁平。远端小管曲部（附图 14－2）管径较细，管腔较大而规则。上皮细胞呈立方形，细胞界限不清晰，胞体稍小，胞质呈弱嗜酸性，细胞核圆形位于中央。上皮细胞腔面无刷状缘，细胞基部纵纹不及近端小管曲部明显。髓放线内可见近端小管和远端小管的直部，组织结构分别与其曲部相似。髓放线内还可见细段和集合管的纵切面。③致密斑。远端小管曲部在紧靠肾小体一侧的管壁上皮细胞由立方形变为高柱状，细胞排列紧密，形成的椭圆形斑叫致密斑。④集合管和乳头管。集合管与远端小管曲部相延续，由皮质迷路进入髓放线，在髓放线和髓质内下行，至肾乳头处改称乳头管，开口于肾乳头。其管径变化是由小到大，管壁上皮由单层立方上皮转变为单层柱状上皮，至乳头管处成为单层高柱状上皮。集合管上皮细胞界限清晰，胞质着色浅，细胞核圆形位于细胞中央。在乳头孔附近，管壁上皮变为双层或多层，往后逐渐移行为肾小盏的变移上皮。

三、实验作业

通过数码显微互动系统采集高倍镜下肾小体和泌尿小管组织结构图，标注血管球、血管极、尿极、肾小囊壁层、肾小囊脏层、肾小囊腔、近端小管曲部、远端小管曲部、致密斑、肾小管细段、集合管等结构。

第十五章　雄性生殖系统

雄性生殖系统由睾丸、附睾、输精管、副性腺、尿生殖道和外生殖器官构成。睾丸是产生精子和分泌雄性激素的器官，附睾是精子进一步成熟和储存的场所，副性腺分泌物可给精子提供营养，其余为输送精子的管道。

一、实验目的与要求

1. 掌握睾丸的组织结构及精子的发生过程，正确识别各级生精细胞、支持细胞和间质细胞。

2. 了解附睾的组织结构。

二、实验内容

（一）睾丸

标本：猪睾丸切片（HE 染色）。

肉眼观察：切片标本中着色区为睾丸局部结构，睾丸表面被覆浆膜，实质由许多形状不同、大小不一的生精小管集合而成。

低倍镜观察：睾丸表面被覆一层浆膜，其下方是结缔组织构成的白膜。浆膜和白膜构成睾丸的被膜。白膜伸入睾丸实质形成睾丸纵隔。睾丸纵隔的结缔组织呈放射状伸入睾丸实质，并与白膜相连，称睾丸小隔。睾丸小隔将实质分隔成许多睾丸小叶。每个睾丸小叶内有 1～4 条盘曲的生精小管。生精小管末端弯曲度逐渐降低，变为短而直的直精小管通入睾丸纵隔。曲精小管之间少量的结缔组织为睾丸间质。

高倍镜观察：①曲精小管是精子发生的场所，其上皮是一种特殊的复层生精上皮，由支持细胞和多层生精细胞组成，管壁上由基底部向管腔依次排列的生精细胞有精原细胞、初级精母细胞、次级精母细胞、精子细胞、精子（附图 15-1）。幼龄动物的生精细胞仅由精原细胞构成，性成熟后，精原细胞分裂增殖，依次形成初级精母细胞、次级精母细胞、精子细胞和精子。精原细胞是精子形成过程中最原始的生精干细胞，它位于曲精小管的基膜内侧，紧贴基膜，细胞小，呈圆形或椭圆形。初级精母细胞位于精原细胞内侧，是生精细胞中最大的细胞，胞体圆形，胞核大而圆。因第一次减数分裂的分裂前期历时较长，故在生精小管的切面中常可见处于不同增殖阶段的初级精母细胞。次级精母细胞多位于初级精母细胞内侧，细胞体积比初级精母细胞小，细胞及其核均为圆形，胞质着色较深。次级精母细胞不进行DNA复制，迅速进入第二次减数分裂，因此在切片上不易观察到。精子细胞靠近曲精小管的管腔，体积小，数量多，细胞质少，细胞核小而圆。精子形似蝌蚪，头部呈深蓝色，嵌入支持细胞的顶部胞质中，尾部细长，呈红色，游离于生精小管内。支持细胞较大，呈不规则的柱状或锥状，细胞底部附着在基膜上，顶部伸至腔面。在相邻支持细胞的侧面镶嵌着许多各级生精细胞，光镜下其轮廓难以分辨。支持细胞的细胞核为椭圆形或不规则形，位于细胞基部，染色浅，核仁明显。②直精小管。曲精小管在近睾丸纵隔处变成细而短的直行管道，即为直精小管，其管壁上皮由单层立方或柱状细胞构成，无生精细胞。③睾丸间质细胞。在曲精小管间的疏松结缔组织中有成群分布的睾丸间质细胞。在HE染色切片中，该细胞体积较大，呈圆形或不规则形，胞质呈强嗜酸性，其细胞核为圆形或卵圆形，常偏位，异染色质少，着色浅。

（二）附睾

附睾头部主要由睾丸输出小管组成，附睾体部和尾部主要由附睾管组成。

高倍镜观察：①睾丸输出小管是从睾丸网发出的小管，一端连于睾丸网，另一端通入附睾管。输出小管的管腔不平整，高低不等，其管上皮由高柱状纤毛细胞和低柱状无纤毛细胞单层交替排列而成，反刍动物有时可见复层排列。基膜清晰。②附睾管上皮为假复层柱状上皮，较厚，由主细胞和基细胞组成。主细胞在附睾管起始段为高柱状，而后逐渐变低，至末端变为立方形。细胞表面有成簇排列的细长突起，称静纤毛，静纤毛内无微管，不能摆动。基细胞矮小，呈锥形，位于上皮深层。附睾管的上皮基膜外侧有薄层平滑肌围绕，管壁外为富含血管的疏松结缔组织。平滑肌越向末端越发达，可分为内环行和外纵行两层。

三、实验作业

通过数码显微互动系统采集高倍镜下睾丸组织结构图，标注生精上皮中的基膜、不同发育阶段的生精细胞、支持细胞以及间质成分中的睾丸间质细胞。

第十六章　雌性生殖系统

雌性生殖系统由卵巢、输卵管、子宫、阴道和外生殖器官构成。卵巢产生雌性生殖细胞（卵子），并分泌雌激素、孕酮等；输卵管输送卵细胞，是受精的部位；子宫是孕育胎儿的场所。

一、实验目的与要求

1. 掌握卵巢的组织结构及卵泡的发育和变化过程。
2. 了解子宫的组织结构和功能特点。

二、实验内容

（一）卵巢

标本：兔卵巢切片（HE 染色）。

肉眼观察：卵巢切面为圆形或长椭圆形，呈紫红色，有大小不等的空泡，这些空泡是不同发育时期的卵泡。

低倍镜观察：卵巢由被膜、皮质和髓质构成。卵巢表面被覆单层上皮（卵巢系膜附着部除外），称生殖上皮。幼年和成年动物的生殖上皮多呈立方或柱状，老龄动物的生殖上皮变为扁平上皮。生殖上皮下方为富含梭形细胞的致密结缔组织构成的白膜。白膜深面是卵巢的实质，可分为外周的皮质和中央的髓质。皮质为卵巢实质的外周部分，较厚。由发育不同阶段的卵泡、黄体、白体及结缔组织（基质）构成，占据卵巢的大部分。皮质浅层含很多原始卵泡，皮质深层有由原始卵泡发育而来的较大的生长卵泡，成熟卵泡体积增大后移至皮质浅层并向卵巢表面隆起准备排卵。髓质位于卵巢中央，较小，为富含弹性纤维的疏松结缔组织，内含大量血管、神经及淋巴管。

高倍镜观察：皮质中含有下列处于不同发育阶段的卵泡。①原始卵泡（附图 16－1）位于皮质浅层，数量多，体积小，由一个初级卵母细胞和周围一层扁平的卵泡细胞构成。初级卵母细胞为圆形，胞质嗜酸性，核大而圆，着色浅，核仁明显。②初级卵泡。见附图 16－2 所示，初级卵母细胞体积增大，卵泡细胞由单层扁平细胞变为单层立方或柱状细胞，在初级卵母细胞与卵泡细胞之间出现透明带。③次级卵泡。见附图 16－2 所示，初级卵母细胞周围的卵泡细胞增殖为复层立方或柱状细胞，卵母细胞与卵泡细胞间透明带呈嗜酸性、折光强的膜状结构，较为明显。④三级卵泡透明带增厚，卵泡中出现新月形的卵泡腔，形成放射冠和卵丘，颗粒层明显，卵泡膜增厚，分为内外两层，内膜有内分泌功能（附图 16－3）。⑤成熟卵泡体积及卵泡腔达到最大，卵泡液增多，卵泡壁变薄，向卵巢表面突出。⑥排卵后卵泡的变化。排卵后，由于卵泡内压消失，卵泡壁塌陷形成皱襞，卵泡内膜毛细血管破裂，基膜破碎，卵泡腔内含有血液，形成红体。排卵后，颗粒层细胞和卵泡膜内层细胞增殖分化，形成一个体积很大、富含血管的内分泌细胞团，即黄体（附图 16－4）。由颗粒细胞分化来的黄体细胞称颗粒黄体细胞，数量多，体积大，呈多边形，着色较浅，核圆形，核仁清晰；由卵泡膜内层细胞分化来的黄体细胞称膜黄体细胞，数量少，体积小，胞质和胞核着色深，主要位于黄体周边。黄体退化后被致密结缔组织取代，成为瘢痕样白体。在卵泡生长发育的过程中，绝大多数卵泡不能发育成熟，而在不同阶段退化，退化的卵泡称为闭锁卵泡。卵泡的闭锁可发生在卵泡发育的任何阶段，形态结构不尽相同。原始卵泡和初级卵泡退化时，卵母细胞萎缩或消失，卵泡细胞变小而分散，最后变性消失；次级卵泡和接近成熟的卵泡退化时，卵母细胞和卵泡细胞萎缩溶解；透明带皱缩，并和周围的卵泡细胞分离；卵泡壁塌陷；中性粒细胞、巨噬细胞浸润；卵泡膜内层的膜细胞增生肥大，胞质中出现脂滴，形似黄体细胞，被结缔组织和血管分隔成分散的细胞团索，称为间质腺。闭锁卵泡最终被结缔组织取代，形成类似白体的结构，随后消失于卵巢基质。

（二）子宫

标本：羊子宫切片（HE 染色）。

低倍镜观察：子宫壁由内向外分为子宫内膜、子宫肌层和子宫外膜。

高倍镜观察：重点观察子宫内膜的结构（附图 16－5）。①子宫内膜很厚，分为上皮和固有层。子宫上皮为假复层柱状上皮，有纤毛。子宫固有层较厚，富含子宫腺和血管，分为浅、深两层。浅层为功能层，细胞成分多，细胞以梭形或星形的胚性结缔组织细胞为主，还可见巨噬细胞、淋巴细胞、浆细胞、白细胞和肥大细胞等；深层为基底层，细胞成分少，富含大量子宫腺及其导管。②子宫肌层由发达的内环肌和外纵肌组成，两层间或内层深部存在大的血管和淋巴管。③子宫外膜为浆膜。

三、实验作业

通过数码显微互动系统采集卵巢组织结构图，标注出不同发育阶段的卵泡及其典型结构特征。

第十七章　畜禽胚胎学

畜禽胚胎学是研究畜禽个体发生和发育规律的科学。畜禽的个体发育，一般分为胚前发育、胚胎发育和胚后发育三个时期。胚前发育是指在受精以前两性配子的发生和成熟过程；胚胎发育是指从受精到分娩或孵出前的胚胎在母体子宫或卵膜内的发育过程；胚后发育指动物从出生到性成熟前的发育阶段。

胚胎发育是一个连续不断的过程，并伴随着细胞和组织渐进性的结构和机能变化。为了便于研究和阐述这些变化，一般把胚胎发育分为若干阶段，每一个发育阶段，代表着一段具有特征性发育变化的时间，各个阶段之间都有着天然的联系。

一、实验目的与要求

1. 掌握家畜和家禽早期胚胎发育的基本过程及其形态上的变化。
2. 掌握胎膜和胎盘的结构和类型。

二、实验内容

（一）使用多媒体观看家畜、家禽胚胎早期发育教学片

（二）观察猪胚胎早期发育模型

1. **受精卵**（合子）　卵从受精到合子开始分裂为合子时期。合子除本身的卵黄膜（第一卵膜）外，还有透明带（第二卵膜）包裹。

2. **卵裂**　由一个单细胞的受精卵发育成多细胞的完整个体，受精卵必须进行多次的细胞分裂。受精卵的最初数次细胞分裂叫作卵裂，所产生的子细胞叫卵裂球。哺乳动物的卵裂具有“不等、异时、全裂”的特点。第一次卵裂产生的两个细胞，在大小、颜色、分裂速度和发育方向等方面均有不同，一般认为，色暗的大细胞分裂慢，形成内细胞团，而色浅的小细胞分裂快，形成滋养层。卵裂结束时形成实心的桑葚胚。

3. **囊胚与胚泡**　当桑葚胚达到子宫时，胚胎中央出现腔隙，即为囊胚，中央的腔隙称囊胚腔。卵裂球发生分化，外侧细胞逐渐变成单层，构成滋养

层，内部细胞构成内细胞团。形成了由滋养层、胚泡腔和内细胞团构成的胚泡。胚泡埋入子宫内膜的过程称为植入。滋养层细胞伸出绒毛嵌入子宫内膜，与母体建立营养、代谢关系，使胚胎附植于子宫腔内而生长发育。

4. 原肠胚与中胚层的形成 随着胚胎的发育，胚胎上面的滋养层细胞退化，内细胞团（胚结）暴露于胚胎表面改称胚盘。胚结靠近胚泡腔的细胞，以分层移动的方式，沿胚泡壁形成一个新细胞层，由该细胞层围成的腔，称原肠腔。于是形成具有两个胚层的胚体，即原肠胚。原肠腔的表层细胞为外胚层，里层细胞为内胚层。

随着原始外胚层细胞的迅速增殖，在胚盘中轴形成一条增厚的细胞索，称原条。原条头端外胚层隆起如帽遮盖，形成原结。原条的中线出现一浅沟，称原沟，原结外胚层细胞下陷，在原结中心出现一凹陷，称原窝。

原条两侧的胚盘表层细胞向原条集中，并向原沟卷入，在内外胚层之间，向头端、左右两侧扩展，形成中胚层；同时，原结处的细胞由原窝向下向前迁入到内外胚层之间，形成脊索。

5. 三胚层的分化

（1）外胚层的分化 脊索形成后，其背侧的外胚层增厚形成神经板，其中央凹陷形成神经沟。随后，沟两侧愈合形成神经管。最后分化形成脑、脊髓等，其余外胚层分化为表皮及其衍生物。

（2）内胚层的分化 胚盘内的内胚层分化为前、中、后肠，胚盘外的内胚层形成卵黄囊。中肠仍与卵黄囊相连。

（3）中胚层的分化 中胚层分化为上、中、下三段。上段中胚层分化为脊柱骨骼、肌肉和皮肤的真皮等。中段中胚层分化为泌尿、生殖系统。下段中胚层分为靠近外胚层的体壁中胚层和靠近内胚层的脏壁中胚层，其间的腔为体腔，在胚盘内的为胚内体腔，分化为胸腔、腹腔和心包腔；在胚盘外的为胚外体腔，为尿囊所占。一部分离散的中胚层细胞，分布于内、中、外胚层之间形成间充质，为结缔组织原基。

（三）观察鸡的胚外膜

取孵化 6～8 d 的鸡胚，用镊子在钝端轻轻敲破蛋壳，除去碎壳，扩大破口，挑破卵壳膜，将鸡胚小心倒入平皿中观察各种胚外膜。

1. 羊膜 包着胚体，鸡胚附在羊水中。

2. 卵黄囊 包在卵黄表面，近卵黄侧有许多皱襞。

3. 尿囊和浆膜 包在羊膜和卵黄囊外面，尿囊中有胚胎发育产生的代谢废物，尿囊浆膜的外层与卵壳膜相邻。

（四）家畜的胎盘

观察哺乳动物各种类型胎盘的浸制标本，并通过绒毛膜与子宫内膜结合方式的差异理解胎盘的分类。

家畜的胎盘为尿囊绒毛膜胎盘，胎盘类型不同，胎儿尿囊绒毛膜的组织结构变化不大，但母体的子宫内膜的组织结构变化很大。

（1）上皮绒毛膜胎盘 所有3层子宫组织都存在。绒毛膜上的绒毛多而均匀分布，绒毛嵌合于子宫内膜相应的凹陷中。母、子胎盘间关系不密切。猪和马的胎盘属于此类；大多数反刍动物的叶状胎盘初期也属于这一类。

（2）结缔绒毛膜胎盘 子宫上皮变性脱落，绒毛上皮直接与子宫内膜结缔组织接触。母、子胎盘关系较前者密切。反刍动物胎盘后期属于此类。

（3）内皮绒毛膜胎盘 子宫上皮和结缔组织都被溶解，只剩下母体血管内皮与胎儿绒毛膜上皮直接接触。母、子胎盘关系密切。犬和猫等食肉类动物的胎盘属于此类。

（4）血绒毛膜胎盘 这是一种更加进化的胎盘，所有3层子宫组织都缺失，绒毛膜的绒毛直接浸入到母体血管破裂后形成的血窦中。母、子胎盘关系最密切。人和啮齿类动物的胎盘属于此类。

PART 2

第二部分 习题训练

绪　论

一、名词解释

1. 光镜结构　2. 电镜结构　3. 瑞特姬姆萨染色　4. HE 染色　5. 嗜酸性　6. 异染性　7. 组织　8. 器官　9. 系统　10. 组织培养

二、填空题

1. 组织学最常用的组织制片技术是（　　　　　　　）。

2. HE 染色可使细胞内酸性物质呈现（　　　）色，碱性物质被染成（　　　）色。

3. 光镜结构的长度单位为（　　　），电镜结构的长度单位为（　　　）。

4. 相差显微镜用于观察组织培养中（　　　）细胞的形态结构。

5. 透射电镜用来观察细胞（　　　）的结构，扫描电镜用来观察细胞（　　　）的结构。

6. PAS 反应，常用于显示（　　　）成分的存在。

7. 银染法又称镀银法，常用来显示（　　　）组织效果较好。

三、单项选择题

1. 研究机体微细结构及其相关功能的科学是（　　）
   A. 细胞生物学　　B. 组织学
   C. 解剖学　　D. 生理学
   E. 病理学

2. 使用光学显微镜观察的组织切片的厚度一般为（　　）
   A. 5～10 nm　　B. 3～10 μm
   C. 30～80 nm　　D. 1～2 mm

3. 组织学切片最常用的染色方法是（　　）
   A. 银染法　　B. 苏木精-伊红染色法
   C. 瑞氏染色法　　D. PAS 染色
   E. 亚甲蓝染色

4. 应用标记已知的核苷酸为探针，探知细胞内未知核苷酸的分布及含量，在分子水平上研究各基因的定位，该技术属于（　　）

A. 一般组织化学技术　　B. 免疫组织化学技术
C. 原位杂交技术　　D. 放射自显影术
E. 流式细胞术

5. 可广泛用于免疫组化研究的是（　　）
A. 荧光显微镜　　B. 相差显微镜
C. 暗视野显微镜　　D. 偏光显微镜
E. 倒置显微镜

四、多项选择题

1. 下列说法正确的是（　　）
A. 家畜胚胎学是研究家畜个体发生与发育规律的科学
B. 家畜组织学是研究家畜机体结构及功能的科学
C. 家畜胚胎学的内容包括家畜胚前发育、胚胎发育和胚后发育
D. 家畜组织学的内容包括细胞学、基本组织学和器官系统组织学三部分
E. 胚胎发育指从受精到胎儿的娩出

2. 下列属于组织学制片方法的是（　　）
A. 涂片　　B. 整装片
C. 石蜡组织切片　　D. 铺片和磨片
E. 冷冻切片

3. 下列叙述正确的是（　　）
A. 细胞是动物机体形态结构和功能的基本单位
B. 组织由细胞和细胞间质构成
C. 器官是由组织构成的，可分为管腔性器官和实质性器官
D. 系统是由功能相关的一些器官组合构成的
E. 机体各系统执行着不同的生理功能，因此各系统之间相互不受影响

五、问答题

1. 什么是特殊染色？
2. 试述石蜡组织切片制作的一般程序。
3. 说明细胞、组织、器官、系统和动物有机体的关系。

参考答案

一、名词解释

1. 光镜结构：在光镜下能分辨的结构。

2. 电镜结构：在电镜下能分辨的结构。

3. 瑞特姬姆萨染色：为血（骨髓）涂片常用的染色方法。染液中含有亚甲蓝、伊红、天青等染料，能很好地显示各种血细胞的形态，并使白细胞中的特殊颗粒分布呈现不同的颜色。

4. HE 染色：是经典而常用的一种染色方法。染液内碱性染料苏木素可使酸性物质呈现蓝色，酸性染料伊红可使碱性物质呈现粉红色。HE 染色可使不同结构呈现不同颜色及不同程度着色，便于在光学显微镜下观察区别。

5. 嗜酸性：组织和细胞中若含有碱性物质如蛋白质，对酸性染料如伊红等有较强亲和力，结果呈现深浅不等的红色，这种物质具有的染色特性就称为嗜酸性。

6. 异染性：有些细胞成分染色时，会出现与染料完全不同的颜色。如甲苯胺蓝染肥大细胞时，胞质中的颗粒不显蓝色，而呈紫红色，这种物质在染色时呈现颜色上的异常就称为异染性。

7. 组织：由形态和功能相同或相似的细胞群及相关的细胞间质构成。

8. 器官：由几种不同的组织按一定的规律组合成不同形状并执行着特定生理功能的结构称为器官。

9. 系统：功能密切相关的一些器官组合在一起就构成了系统。

10. 组织培养：把离体的器官、组织、细胞等放在体外，模拟体内的条件进行培养，观察其生长、代谢、分化等特性。

二、填空题

1. 石蜡组织切片　2. 蓝；红　3. 微米；纳米　4. 活　5. 内部形态；表面形态　6. 糖类　7. 神经

三、单项选择题

1. B　2. B　3. B　4. C　5. A

四、多项选择题

1. ACDE　2. ABCDE　3. ABCD

五、问答题

1. 什么是特殊染色?

【参考答案】特殊染色是指除 HE 染色以外的其他多种染色方法，常用来特异性地显示某种细胞、细胞外基质成分或细胞内的某种结构。例如银染法可将神经原纤维染成棕黑色；甲苯胺蓝可将肥大细胞中的分泌颗粒染为紫红色；

PAS 反应可将组织中糖类成分染成紫红色；用醛复红将弹性纤维染为紫色等。

2. 试述石蜡组织切片制作的一般程序。

【参考答案】①取材：取材时力求组织材料新鲜，尽量保持组织细胞生活时的状态，避免组织细胞产生自溶。②固定：固定的目的在于借助固定液使组织或细胞中的各种成分凝固或沉淀，以保持其生活状态时的形态结构。③脱水：组织经固定和水洗后均含有大量的水分，水分不能与透明剂相溶，因此必须用某些化学试剂将组织块内的水分置换出来，以利于透明剂渗入组织内。能置换组织内水分并能与透明剂融合的化学试剂称脱水剂。④透明：指组织脱水后，通过透明剂的作用而脱去乙醇使组织透明，并使石蜡易于渗入组织的过程。透明过程中所用的试剂称为透明剂。透明剂不仅应具有脱乙醇作用，而且还能溶解石蜡，有助于石蜡渗入组织，为浸蜡创造条件。⑤浸蜡：是指把透明后的组织块移入溶化的石蜡中浸渍，使石蜡充分渗透到组织内，起填充支持作用，以利于切片。⑥包埋：是指把饱浸石蜡的组织块转入石蜡中冷却成块的过程。包埋必须在一定的器皿内进行，可用塑料包埋盒或金属包埋框进行包埋。⑦使用切片机进行切片，切片厚 5～10 μm。⑧展片与贴片：展片是将切片置温水中展平，贴片是指将组织切片贴附于载玻片的过程。⑨烘片：切片附贴后，平置于烤片架上放恒温箱内烘干。⑩染色、封固：染色是指用染料浸染组织切片，使组织细胞中不同成分的物质因着色性能不同而呈现不同颜色，便于在显微镜下观察；封固是指在切片上滴加封固剂之后盖上盖玻片，将切片密封，以利于观察和保存。

3. 说明细胞、组织、器官、系统和动物有机体的关系。

【参考答案】细胞是动物有机体的基本结构和功能单位，细胞活动离不开细胞间质，它由细胞产生，构成细胞生存的微环境；组织由形态和功能相同或相似的细胞群及相关的细胞间质构成；器官是指由几种不同的组织按一定的规律组合成不同形状并执行着特定生理功能的结构；系统由功能密切相关的一些器官组合在一起构成；动物有机体由各个系统构成。

第一章 细 胞

一、名词解释

1. 细胞器 2. 生物膜 3. 被动运输 4. 胞吞作用 5. 内含物
6. 染色质 7. 核小体 8. 细胞周期 9. 细胞分化 10. 细胞凋亡

二、填空题

1. 动物细胞形态尽管千差万别，但仍有共同的基本结构，均可分为(　　)、(　　)和(　　)三部分。

2. 目前较公认的细胞膜结构模型为（　　　　）。

3. 线粒体为圆形或椭圆形小体，多呈（　　）状，是封闭的双层单位膜结构，内膜折叠形成（　　），为线粒体典型特征。线粒体最主要的功能是（　　　　），有“（　　）”之称。

4. 内质网主要功能是合成（　　）和（　　）。

5. 附着核糖体主要合成(　　)蛋白，游离核糖体主要合成（　　）蛋白。

三、单项选择题

1. 动物体结构和功能的基本单位是（　　）
   A. 分子　　B. 原子
   C. 细胞　　D. 组织
   E. 器官

2. 为细胞生命活动提供能量，有“能量供应站”之称的细胞器是(　　)
   A. 内质网　　B. 高尔基复合体
   C. 溶酶体　　D. 线粒体
   E. 过氧化酶体

3. 对于合成与分泌蛋白质功能旺盛的细胞，胞质中富含的细胞器是(　　)
   A. 线粒体　　B. 溶酶体
   C. 粗面内质网　　D. 滑面内质网
   E. 中心体

4. 对内质网合成并运送来的物质进行加工、包装，然后分门别类地运送到各自的目的地的细胞器是(　　)

A. 微体　　B. 溶酶体
C. 中心体　　D. 滑面内质网
E. 高尔基复合体

5. 溶酶体内含 60 余种酸性水解酶，其中其标志酶是(　　)

A. 蛋白酶　　B. 核酸酶
C. 核苷酶　　D. 酸性磷酸酶
E. 脂酶

6. 蕴藏遗传信息的主要场所是(　　)

A. 细胞膜　　B. 细胞质
C. 线粒体　　D. 细胞核
E. 核仁

7. 细胞核结构中，具有转录 rRNA 和组装核糖体亚单位功能的是(　　)

A. 核膜　　B. 核基质
C. 染色质　　D. 核仁
E. 核骨架

8. 细胞在一定的生理或病理条件下，受内在遗传机制的控制自动结束生命的过程叫(　　)

A. 细胞分化　　B. 细胞衰老
C. 细胞坏死　　D. 细胞凋亡
E. 细胞分裂

9. 下列哪种细胞具有杀死病原体、清除细胞中无用成分的功能(　　)

A. 线粒体　　B. 粗面内质网
C. 滑面内质网　　D. 溶酶体
E. 高尔基复合体

10. 下列参与细胞有丝分裂过程的是(　　)

A. 中心体　　B. 粗面内质网
C. 滑面内质网　　D. 溶酶体
E. 线粒体

四、多项选择题

1. 关于细胞膜的结构，下列说法正确的是(　　)

A. 细胞膜结构模型为“流动镶嵌模型”
B. 电镜显示细胞膜呈两暗夹一明的 3 层结构

C. “流动镶嵌模型”强调了膜的流动性和不对称性
D. 细胞膜与细胞内膜性结构的结构基本相同，可统称为“生物膜”
E. 组成生物膜的基本结构的成分是脂质双分子层

2. 溶酶体的功能包括(　　)
A. 作为细胞内的“消化器官”为细胞提供营养
B. 参与清除不需要的细胞
C. 清除细胞中无用的成分、衰老的细胞器等
D. 防御作用
E. 参与分泌过程的调节

3. 下列叙述正确的是(　　)
A. 细胞都有细胞膜、细胞质和细胞核三部分
B. 细胞膜主要由膜脂、膜蛋白和少量糖类组成
C. 流动镶嵌模型主要强调了膜的流动性和不对称性
D. 细胞质即细胞浆，由细胞质基质、细胞器和内含物组成
E. 细胞核是细胞生命活动的调控中心

4. 过氧化物酶体的功能有(　　)
A. 参与脂肪酸的β-氧化，向细胞直接提供热能
B. 具有解毒作用
C. 可利用 H_2O_2 将甲醛、甲酸和醇等有害物质氧化
D. 与胆固醇代谢有关
E. 与含氮物质代谢有关

五、问答题

1. 简述细胞膜的主要功能。
2. 简述细胞核的主要结构及功能。
3. 简述物质跨膜运输的方式。
4. 简述内质网的分类、结构和功能。

参考答案

一、名词解释

1. 细胞器：细胞质中具有特定形态并执行特定功能的结构称为细胞器。

2. 生物膜：细胞内的膜性结构与细胞膜的结构基本相同，这些膜结构统称生物膜。

3. 被动运输：指物质通过自由扩散或易化扩散，顺浓度梯度由高浓度向

低浓度运动，此过程中所需动力来自浓度梯度，不需要细胞提供代谢能量。

4. 胞吞作用：是细胞摄取大分子或颗粒物质的一种方式。当这类物质附于细胞表面时，细胞伸出伪足将其包括起来，或使该处的细胞膜凹陷成小囊，接着囊口的细胞膜融合，小囊与细胞膜分离形成内吞小泡进入细胞内。胞吞作用分为内吞固体物质的吞噬作用和内吞液体物质的吞饮作用。

5. 内含物：指细胞质中具有一定形态的营养物质或代谢产物。

6. 染色质：指间期细胞核内能被碱性染料着色的物质，由 DNA、组蛋白、非组蛋白及少量 RNA 组成的线性复合结构，是细胞在间期时遗传物质的存在形式。

7. 核小体：是染色质的基本结构单位，呈串珠状。

8. 细胞周期：从一次细胞分裂结束到下次分裂结束所经历的过程。

9. 细胞分化：指多细胞生物在个体发育中，细胞在分裂的基础上，其后代细胞在形态结构和生理功能等方面产生稳定差异，出现互不相同的细胞类型的过程。

10. 细胞凋亡：由基因决定的细胞自动结束生命活动的过程。

二、填空题

1. 细胞膜；细胞质；细胞核　2. 流动镶嵌模型　3. 短棒；线粒体嵴；为细胞提供能量；能量供应站　4. 蛋白质；脂类　5. 分泌；自身结构

三、单项选择题

1. C　2. D　3. C　4. E　5. D　6. D　7. D　8. D　9. D　10. A

四、多项选择题

1. ABCDE　2. ABCDE　3. BCDE　4. ABCDE

五、问答题

1. 简述细胞膜的主要功能。

【参考答案】为细胞地生命活动提供相对稳定的内环境；选择性地进行物质跨膜运输；提供细胞识别位点，并完成细胞内外信息的传递；为多种酶提供结合位点，使酶促反应高效而有序地进行；介导细胞与细胞、细胞与细胞间质之间的连接；参与形成具有不同功能的细胞表面特化结构，如微绒毛、皱褶、纤毛等。

2. 简述细胞核的主要结构及功能。

【参考答案】细胞核是动物遗传物质 DNA 储存的场所，也是 DNA 转录为 mRNA、rRNA 与 tRNA 的场所，是细胞生命活动的调控中心。细胞核的主要结构包括核被膜、核纤层、染色质、核仁和核骨架等部分。①核被膜：简称核膜，是包在核外周的生物膜结构，有内、外核膜两层。内、外核膜在某些部位相互融合，形成核孔，核孔是核内外选择性的双向物质运输通道。②核纤层：是位于内层核膜下与染色质之间的纤维蛋白片层结构，有支持核被膜，保持核的形态等功能。③染色质和染色体：染色质是间期细胞核内能被碱性染料着色的物质。染色体是细胞在分裂过程中，由染色质包装成的棒状结构。④核仁：是间期核中最明显的细胞器，没有膜界，呈浓密的球状，主要功能是转录 rRNA 和组装核糖体亚单位。⑤核基质和核骨架：核基质即狭义的核骨架，是以纤维蛋白成分为主的纤维网架体系。广义的核骨架包括核纤层和核孔复合体，核骨架纤维粗细不等，形成三维网络结构。核骨架可为 DNA 的复制提供支架；是基因转录的场所；与染色体构建有关。

3. 简述物质跨膜运输的方式。

【参考答案】物质跨膜运输的方式有：被动运输、主动运输、胞吞作用和胞吐作用。①被动运输：指物质通过自由扩散或易化扩散，顺浓度梯度由高浓度向低浓度运输，此过程中的动力来自浓度梯度，不需要细胞提供代谢能量。被动运输有自由扩散和易化扩散两种形式，自由扩散不需要膜蛋白协助，易化扩散需要膜蛋白协助。②主动运输：指物质逆浓度差由低浓度向高浓度运输，需要膜蛋白参与，需耗能。③胞吞作用（吞噬作用、吞饮作用）：细胞摄取大分子或颗粒物的一种方式。当这类物质附于细胞表面时，细胞伸出伪足将其包裹，或使该处的细胞膜凹陷成小囊，接着囊口的细胞膜融合，小囊与细胞膜分离形成内吞小泡进入细胞内。④胞吐作用：与胞吞作用正相反。细胞内合成的激素、消化酶等包装于小泡内，小泡从细胞内部逐渐移至细胞表面，然后小泡的膜与细胞膜融合，形成小孔将内含物释放到细胞外。

4. 简述内质网的分类、结构和功能。

【参考答案】内质网由单位膜构成，呈小管状、小泡状或扁囊状，腔内含有多种酶。与细胞膜或核膜相连。可分为粗面内质网和滑面内质网。①粗面内质网：内质网膜上附有核糖体。其主要功能是合成蛋白。②滑面内质网：内质网膜上无核糖体附着，主要合成脂类物质。此外，生殖腺内分泌细胞和肾上腺皮质细胞的滑面内质网能合成类固醇激素；肝细胞的滑面内质网具有解毒功能；存在于肌细胞的滑面内质网能储存钙离子。

第二章 上皮组织

一、名词解释

1. 内皮 2. 微绒毛 3. 桥粒 4. 透出分泌 5. 全浆分泌 6. 基膜
7. 质膜内褶 8. 紧密连接

二、填空题

1. 上皮组织依据所在部位和功能的差异主要分为（ ）和（ ），另外还有特化的感觉上皮、生殖上皮和肌上皮等。

2. 假复层纤毛柱状上皮由一层高低不同的（ ）细胞、（ ）细胞和（ ）细胞组成，其中夹有（ ）细胞。此种上皮主要分布于（ ），具有（ ）和（ ）功能。

3. 变移上皮主要分布于（ ）、（ ）和（ ）。光镜下上皮由多层细胞组成，可分为（ ）层、（ ）层和（ ）层细胞。

4. 具有分泌功能的上皮称为( )上皮，以该上皮为主要成分构成的器官称为( )。

5. 按腺细胞分泌物的性质可将腺体分为( )腺、( )腺和( )腺。

三、单项选择题

1. 下列选项中不属于上皮组织基本特点的是( )
   A. 细胞排列紧密　　B. 细胞有明显极性
   C. 有丰富的毛细血管　　D. 细胞间质少
   E. 具有保护、吸收、分泌、排泄等作用

2. 以下对单层扁平上皮的描述，错误的是( )
   A. 是被覆上皮中最薄的一种上皮
   B. 细胞间呈锯齿状紧密嵌合
   C. 细胞有核处稍厚，其他部位很薄
   D. 通过基膜与结缔组织相连
   E. 分布于心脏、血管腔面的单层扁平上皮称间皮

3. 下列选项不属于假复层纤毛柱状上皮细胞的是(　　)

A. 柱状细胞
B. 梭形细胞
C. 锥形细胞
D. 杯状细胞
E. 扁平细胞

4. 关于复层扁平上皮的结构特点，下列描述错误的是(　　)

A. 由两层以上细胞组成
B. 表面均为角化的扁平细胞
C. 中间为多边形细胞
D. 基层为一层立方形或矮柱状细胞
E. 内无血管，有丰富神经末梢

5. 关于微绒毛，下列描述正确的是(　　)

A. 分布于所有细胞的游离面
B. 光镜下清晰可见
C. 表面为细胞膜，内有微管
D. 具有与纤毛相似的功能
E. 构成光镜下可见的纹状缘或刷状缘

6. 变移上皮分布于(　　)

A. 气管
B. 食管
C. 膀胱
D. 小肠
E. 大肠

7. 盖细胞见于(　　)

A. 单层扁平上皮
B. 变移上皮
C. 假复层纤毛柱状上皮
D. 单层立方上皮
E. 复层扁平上皮

8. 内皮衬贴于(　　)

A. 气管
B. 食管
C. 膀胱
D. 血管
E. 肾小管

9. 纤毛内部结构中具有(　　)

A. 微丝
B. 微管
C. 中间丝
D. 肌动蛋白丝
E. 角蛋白丝

10. 腺是(　　)

A. 以腺细胞为主要成分的腺上皮
B. 具有分泌功能的上皮
C. 以腺上皮为主要成分的器官
D. 由分泌细胞组成的上皮
E. 由内分泌部和导管组成

11. 分布于胃肠道的上皮组织是(　　)

A. 单层柱状上皮
B. 单层立方上皮
C. 单层扁平上皮
D. 假复层纤毛柱状上皮

E. 复层扁平上皮

12. 分布于气管、支气管的上皮组织是(　　)

A. 单层柱状上皮　　B. 单层扁平上皮
C. 假复层纤毛柱状上皮　　D. 单层立方上皮
E. 复层扁平上皮

13. 反刍动物前胃（瘤胃、网胃、瓣胃）的黏膜上皮为(　　)

A. 单层立方上皮　　B. 单层柱状上皮
C. 变移上皮　　D. 假复层纤毛柱状上皮
E. 复层扁平上皮

14. 分布于甲状腺滤泡、肾的远曲小管和集合管的上皮为(　　)

A. 单层立方上皮　　B. 单层柱状上皮
C. 变移上皮　　D. 复层扁平上皮
E. 单层扁平上皮

15. 具有明显极性的细胞是(　　)

A. 上皮细胞　　B. 结缔组织细胞
C. 神经细胞　　D. 肌细胞
E. 血细胞

16. 具有屏障作用的细胞连接是(　　)

A. 桥粒　　B. 缝隙连接
C. 中间连接　　D. 紧密连接
E. 镶嵌连接

17. 下列哪项不是细胞侧面的连接(　　)

A. 半桥粒　　B. 桥粒
C. 缝隙连接　　D. 紧密连接
E. 镶嵌连接

18. 下列哪项细胞连接又称通讯连接(　　)

A. 半桥粒　　B. 桥粒
C. 缝隙连接　　D. 紧密连接
E. 镶嵌连接

19. 内分泌腺与外分泌腺结构上的主要区别是(　　)

A. 是否具有腺泡　　B. 是否具有导管
C. 是否由腺上皮构成　　D. 分泌物化学性质
E. 分泌物的合成途径

20. 光镜下所见的纹状缘和刷状缘结构是(　　)

A. 微绒毛　　B. 微管

C. 微丝　　D. 纤毛
E. 肌动蛋白

四、多项选择题

1. 关于纤毛的特点，下列描述正确的是（　　）
   A. 光镜下可见　　B. 为一种特殊的细胞器
   C. 中央有纵向排列的微管　　D. 可按一定的节律摆动
   E. 分布于呼吸道黏膜上皮
2. 单层扁平上皮分布于（　　）
   A. 心脏腔面　　B. 淋巴管腔面
   C. 汗腺导管　　D. 血管腔面
   E. 子宫腔面
3. 上皮细胞侧面的细胞连接有（　　）
   A. 桥粒　　B. 半桥粒
   C. 黏合带　　D. 紧密连接
   E. 基膜
4. 构成微绒毛的成分包括（　　）
   A. 细胞膜　　B. 终末网
   C. 细胞质　　D. 微丝
   E. 肌球蛋白丝
5. 下列具有杯状细胞的上皮是（　　）
   A. 复层扁平上皮　　B. 变移上皮
   C. 单层柱状上皮　　D. 假复层纤毛柱状上皮
   E. 单层立方上皮

五、问答题

1. 试述被覆上皮的特点和分布。
2. 结合角化复层扁平上皮的耐机械摩擦作用说明其结构特点。
3. 浆液性细胞和黏液性细胞各有哪些结构特点？

参考答案

一、名词解释

1. 内皮：衬贴在心、血管和淋巴管腔面的单层扁平上皮。
2. 微绒毛：是细胞膜和细胞质共同突向腔面的细小指状突起，在电镜下才能辨认。

3. 桥粒：又称黏着斑，是一种圆形或椭圆形的纽扣状连接结构，电镜下呈圆盘状。

4. 透出分泌：分泌物以分子的形式从细胞膜渗出的方式。

5. 全浆分泌：当分泌物不断形成并充满整个细胞时，细胞核浓缩，细胞器消失，细胞崩解，胞核、胞质连同分泌物一起排出。

6. 基膜：位于上皮与深部结缔组织之间的一薄层均质膜，光镜下使用 HE 染色一般不能分辨，但 PAS 及银染法可以显示。

7. 质膜内褶：某些上皮细胞基底面的细胞膜向胞质内深陷，形成许多长短不一的膜褶。

8. 紧密连接：又称闭锁小带，呈箍状环绕于单层柱状细胞顶端的四周，此处相邻细胞膜的外层间断融合在一起，在质膜融合区相互吻合形成不规则的封闭索，其实质是细胞膜上镶嵌蛋白的融合。

二、填空题

1. 被覆上皮；腺上皮　2. 柱状；梭形；锥形；杯状；呼吸道黏膜；屏障；分泌　3. 输尿管；膀胱；尿道；表；中间；基底　4. 腺；腺　5. 浆液；黏液；混合

三、单项选择题

1. C　2. E　3. E　4. B　5. E　6. C　7. B　8. D　9. B　10. C　11. A　12. C　13. E　14. A　15. A　16. D　17. A　18. C　19. B　20. A

四、多项选择题

1. ACDE　2. ABD　3. ACD　4. ACD　5. CD

五、问答题

1. 试述被覆上皮的特点和分布。

【参考答案】被覆上皮分单层上皮、假复层上皮和复层上皮。

单层上皮：①单层扁平上皮：由一层扁平状的细胞紧密排列形成，细胞间呈锯齿状相互嵌合。分布在心脏、血管、淋巴管腔面的称为内皮；分布在胸膜、心包膜和腹膜表面的称为间皮；除此之外，在肺泡和肾小囊壁层等也有分布。②单层立方上皮：由一层立方形的细胞紧密排列而成。分布在肾小管和甲状腺滤泡等内表面。③单层柱状上皮：由一层棱柱状的细胞紧密排列而成，其中夹杂有少量杯状细胞。多分布于胃、肠、胆囊、子宫的腔面。

假复层上皮：①变移上皮：变移上皮细胞的形状和层次可随着所在器官的收缩或扩张而发生变化，故称变移上皮。扩张时，细胞变矮胖，层数减少，只有2～3层；当器官收缩时，细胞瘦高，有5～6层。主要分布在肾盂、输尿管、膀胱和尿道前列腺部。②假复层纤毛柱状上皮：由一层高矮不等的柱状细胞、杯状细胞、梭形细胞和锥形细胞组成，每个细胞的底部都附有基膜。由于细胞高低不一，细胞核不在同一平面上，从侧面观察很像复层，实际上是一层。分布在各级呼吸道黏膜，具有保护和分泌功能。

复层上皮：①复层扁平上皮：是上皮中最厚的一种，细胞层次较多，可达十几层至数十层，仅表层的细胞为扁平状，故称复层扁平上皮。位于最深层的基底细胞为矮柱状或立方形，基底细胞通过有丝分裂增生新的细胞，不断补充表层脱落的细胞。位于中间的数层细胞为多角形，细胞具有棘状胞质小突，与邻近细胞的小突通过桥粒彼此接合，构成细胞间桥，从中间细胞层移向表层，细胞形状由梭形逐渐变为扁平状。分布在皮肤表皮的复层扁平上皮，表面的数层细胞角化形成角化层，对摩擦和损伤的耐受力很强；分布在口腔、食管、阴道黏膜的复层扁平上皮，其表层细胞不角化。②复层柱状上皮：复层柱状上皮的表层细胞呈柱状，中间层细胞为多角形，基底层细胞为矮柱状，分布于眼睑结膜和尿道海绵部的黏膜上皮。具有一定的保护作用。③复层立方上皮：主要分布在汗腺导管。

2. 结合角化复层扁平上皮的耐机械摩擦作用说明其结构特点。

【参考答案】①角化的复层扁平上皮由多层细胞组成，基底层细胞紧靠基膜，为一层立方形或矮柱状细胞；基底层细胞是一种分裂、增生、分化能力很强的干细胞，其子细胞向浅层移动，从而补充浅层中衰老死亡的细胞。②中间层细胞，是由多边形细胞组成，细胞间有发达的桥粒结构，加固细胞间的连接。③浅层细胞死亡，核和细胞器逐渐消失，胞质内充满角质蛋白，细胞变得干硬，具有较强的抗摩擦作用。④角化复层扁平上皮与深部结缔组织的连接面起伏不平，扩大了与结缔组织的连接面，加固了上皮与结缔组织的连接，同时也保证了该种上皮的营养供应。

3. 浆液性细胞和黏液性细胞各有哪些结构特点?

【参考答案】①浆液性细胞呈锥形，细胞核呈圆形，位于细胞中央或靠近基部，胞质顶端有许多嗜酸性的分泌颗粒，呈红色。细胞基部有发达的细胞器，胞质具嗜碱性，呈淡蓝色，基底部着色较深。②黏液细胞呈锥体形，胞质内含大量黏原颗粒，大部分胞质呈空泡状，细胞核扁平，位于细胞基底部。

第三章　固有结缔组织

一、名词解释

1. 间充质　2. 基质　3. 分子筛　4. 脂肪组织　5. 网状组织

二、填空题

1. 疏松结缔组织的结构疏松，质地柔软、形似蜂窝，故又称(　　　)组织。

2. 疏松结缔组织中的细胞种类多而分散，其中主要有(　　　)细胞、(　　　)细胞、(　　　)细胞等。

3. 疏松结缔组织中数量最多，个体最大，具有很强分裂增殖能力，能产生基质和纤维的细胞是（　　　）细胞。

4. 疏松结缔组织内的巨噬细胞又称为(　　　)细胞，它来源于血液中的(　　　)细胞。

5. 肥大细胞以胞浆内含（　　　）为特征。

6. 浆细胞来源于（　　　）细胞，具有（　　　）的功能。

7. 肥大细胞胞质内充满了粗大的（　　　）颗粒。用甲苯胺蓝染色，颗粒呈(　　)色，颗粒内含有的(　　　)有抗凝血作用。

8. 胶原纤维新鲜标本呈(　　　)色，在 HE 染色切片中呈(　　　)色。胶原纤维具有很强的（　　　）特性。

9. 弹性纤维新鲜标本呈(　　　)色。弹性纤维较细，有分支相互交织成网，醛复红染色呈（　　）色，弹性纤维富有(　　　)特性。

10. 网状纤维在 HE 切片上不易显示，用银染法网状纤维呈(　　　)色细丝状。

11. 网状组织的主要细胞成分是（　　　）。

12. 脂肪细胞呈球形或相互挤压成多边形，内含大量(　　　)，脂肪细胞具有（　　　），参与（　　　）的作用。

三、单项选择题

1. 关于结缔组织的分类正确的是(　　)

A. 疏松结缔组织、致密结缔组织、脂肪组织、骨组织

B. 固有结缔组织、血液和淋巴、骨组织和软骨组织
C. 疏松结缔组织、致密结缔组织、脂肪组织和网状组织
D. 疏松结缔组织、骨组织和软骨组织、血液和淋巴
E. 疏松结缔组织、网状组织、血液和骨组织

2. 下列关于疏松结缔组织的描述，错误的是（　　）
A. 来源于胚胎时期间充质
B. 细胞少、种类多、细胞间质多
C. 细胞外基质的成分与其他结缔组织相同
D. 无定形基质、纤维和组织液组成细胞外基质
E. 广泛分布在皮下和各组织器官的间隙

3. 过敏反应的发生与肥大细胞释放哪种物质有关（　　）
A. 过氧化物酶　　B. 组胺酶
C. 肝素　　D. 嗜酸性粒细胞趋化因子
E. 白三烯和组胺

4. 下列选项中能够分泌抗体的细胞是（　　）
A. 浆细胞　　B. 成纤维细胞
C. 肥大细胞　　D. 巨噬细胞
E. 单核细胞

5. 能产生基质和纤维的细胞是（　　）
A. 成纤维细胞　　B. 浆细胞
C. 肥大细胞　　D. 巨噬细胞
E. 脂肪细胞

6. 成纤维细胞转变为纤维细胞表示其（　　）
A. 功能旺盛　　B. 功能静止
C. 进入衰老状态　　D. 准备分裂增生
E. 即将死亡

7. 下列选项中不是由成纤维细胞合成的是（　　）
A. 结缔组织的基质　　B. 胶原纤维
C. 弹性纤维　　D. 网状纤维
E. 肌原纤维

8. 具有明显趋化性的细胞是（　　）
A. 成纤维细胞　　B. 巨噬细胞
C. 肥大细胞　　D. 浆细胞
E. 脂肪细胞

9. 具有“车轮状”细胞核的是（　　）

A. 成纤维细胞　　B. 巨噬细胞
C. 肥大细胞　　D. 浆细胞
E. 脂肪细胞

10. 具有吞噬功能的细胞是(　)
A. 成纤维细胞和巨噬细胞　　B. 巨噬细胞和浆细胞
C. 浆细胞和肥大细胞　　D. 肥大细胞和中性粒细胞
E. 巨噬细胞和中性粒细胞

11. 疏松结缔组织中最重要的细胞是(　)
A. 巨噬细胞　　B. 肥大细胞
C. 浆细胞　　D. 脂肪细胞
E. 成纤维细胞

12. 产生肝素的细胞是(　)
A. 浆细胞　　B. 巨噬细胞
C. 肥大细胞　　D. 成纤维细胞
E. 脂肪细胞

13. 胞质中含溶酶体最多的细胞是(　)
A. 间充质细胞　　B. 浆细胞
C. 成纤维细胞　　D. 巨噬细胞
E. 肥大细胞

14. 肿瘤细胞等可产生哪种物质破坏基质的防御屏障(　)
A. 透明质酸酶　　B. 胶原蛋白酶
C. 碱性磷酸酶　　D. 酸性磷酸酶
E. 溶菌酶

15. 组织液来源于(　)
A. 毛细血管动脉端　　B. 毛细血管静脉端
C. 毛细血管　　D. 毛细淋巴管
E. 毛细淋巴管盲端

四、多项选择题

1. 固有结缔组织中除疏松结缔组织外还包括(　)
A. 血液　　B. 网状组织
C. 软骨组织　　D. 致密结缔组织
E. 脂肪组织

2. 下列哪些是巨噬细胞的功能(　)
A. 吞噬功能　　B. 分泌组胺和肝素

C. 分泌抗体　　D. 抗原呈递
E. 分泌溶菌酶

3. 关于成纤维细胞的特点和功能，下列描述正确的是(　　)
A. 多突起　　B. 胞质内富含粗面内质网
C. 合成纤维　　D. 功能不活跃时转变为纤维细胞
E. 产生细胞外基质

4. 下列选项中参与机体免疫应答的细胞有(　　)
A. 成纤维细胞　　B. 浆细胞
C. 巨噬细胞　　D. 网状细胞
E. 脂肪细胞

5. 关于浆细胞的特点和功能，下列描述正确的是(　　)
A. 胞质嗜碱性　　B. 胞核大而圆
C. 胞质内富含粗面内质网　　D. 常出现在慢性炎症部位
E. 参与体液免疫

6. 成纤维细胞能合成和分泌(　　)
A. 胶原蛋白　　B. 弹性蛋白
C. 糖胺多糖　　D. 蛋白多糖
E. 糖蛋白

五、问答题

1. 疏松结缔组织中主要有哪些细胞成分？各有何功能？
2. 疏松结缔组织内纤维的微细结构有哪些特点？
3. 何为组织液？

参考答案

一、名词解释

1. 间充质：是胚胎早期的间充质细胞从中胚层迁移到各胚层中的器官原基内形成一种排列疏松的网状结构，内含间充质细胞及其产生的大量无定型细胞间质。

2. 基质：是位于细胞和纤维之间的无色透明，具有一定黏性的溶胶状物质，主要由蛋白多糖和糖蛋白两类生物大分子组成，有防止细菌、癌细胞扩散的作用。

3. 分子筛：透明质酸为基质主要成分之一，是一种卷曲盘绕的长分子结构，其成分糖胺多糖与蛋白质结合，形成毛刷状蛋白多糖亚单位。大量毛刷状蛋白多糖亚单位连接在卷曲盘绕的长分子透明质酸上，共同构成具有无数微小孔隙的聚合体，称为分子筛。

4. 脂肪组织：由疏松结缔组织内聚集大量脂肪细胞而成。

5. 网状组织：由网状细胞及其产生的网状纤维和基质构成。

二、填空题

1. 蜂窝　2. 成纤维；肥大；脂肪　3. 成纤维　4. 组织；单核　5. 大量异染颗粒　6. B淋巴；合成；贮存；分泌免疫球蛋白　7. 异染性；紫红；肝素　8. 白；淡红；韧性和抗拉力　9. 黄；紫红；弹性　10. 棕黑　11. 网状细胞　12. 脂滴；合成和贮存脂肪；脂质代谢提供热能

三、单项选择题

1. B　2. C　3. E　4. A　5. A　6. B　7. E　8. B　9. D　10. E　11. E　12. C　13. D　14. A　15. A

四、多项选择题

1. BDE　2. ADE　3. ABCDE　4. BC　5. ABCDE　6. ABCDE

五、简答题

1. 疏松结缔组织中主要有哪些细胞成分？各有何功能？

【参考答案】疏松结缔组织中主要的细胞成分包括成纤维细胞、巨噬细胞、肥大细胞、浆细胞、脂肪细胞、未分化的间充质细胞、白细胞等。①成纤维细胞：功能主要是合成基质和纤维。②巨噬细胞：功能包括能做趋化性运动、具有吞噬和消化作用、能够合成和分泌十多种生物活性物质、调节免疫应答。③肥大细胞：主要功能是合成和分泌多种细胞因子和活性物质。④浆细胞：主要功能是合成、储存和分泌免疫球蛋白。⑤脂肪细胞：主要功能是合成和储存脂肪、参与脂质代谢并提供热能。⑥未分化的间充质细胞：主要功能是保持着间充质细胞再生、分化的潜能，并在一定条件下可增殖分化为成纤维细胞、脂肪细胞以及血管壁的内皮细胞、外膜细胞、平滑肌细胞等。⑦白细胞：主要功能是参与免疫应答和抗炎作用。

2. 疏松结缔组织内纤维的微细结构有哪些特点？

【参考答案】疏松结缔组织内有三种纤维。①胶原纤维：数量最多，新鲜时呈白色，有光泽，又名白纤维，HE染色时着浅红色；纤维粗细不等，呈波浪形，并互相交织；胶原纤维由胶原原纤维黏合而成，其化学成分是胶原蛋白。②弹性纤维：新鲜时呈黄色，又名黄纤维；在HE标本中着色浅，不易与胶原纤维区分；醛复红能将弹性纤维染成紫色，弹性纤维较细，直行，分支交织，粗细不等，表面光滑，断端常卷曲，其化学成分是弹性蛋白。③网状纤维：较细，分支多，交织成网；网状纤维也由胶原蛋白构成，纤维表面被覆蛋白多糖和糖蛋白，故具嗜银性。

3. 何为组织液?

【参考答案】组织液是指在组织的细胞外基质内不断流动的液体。它从毛细血管的动脉端渗出，再由毛细血管静脉端和毛细淋巴管处回流入血液和淋巴内，其不断更新，与细胞进行物质交换。组织液内除含有细胞所需的各类营养物质外，还含有各种激素和因子等，所以是构成细胞生存微环境的重要成分。

第四章　软骨与骨

一、名词解释

1. 软骨囊　2. 同源细胞群　3. 骨陷窝　4. 骨膜　5. 骨板　6. 骨单位　7. 穿通纤维

二、填空题

1. 软骨组织由（　　　　）细胞和软骨间质构成。

2. 软骨陷窝周围有一层富含硫酸软骨素的基质称为（　　　），HE 染色呈（　　　）性。

3. 电镜下软骨细胞胞浆内有丰富的（　　　）和发达的（　　　）。

4. 弹性纤维用醛复红染色呈（　　　）色。

5. 纤维软骨的结构特点是基质中含有大量平行或交织排列的（　　　　）。

6. 骨的发生有两种方式，即（　　　）和（　　　　）。

三、单项选择题

1. 软骨囊是指(　　)
   A. 软骨表面的结缔组织　　B. 软骨细胞周围的基质
   C. 软骨细胞周围的纤维　　D. 软骨细胞所在的腔隙
   E. 软骨细胞的细胞膜

2. 关于透明软骨，下列说法错误的是(　　)
   A. 透明软骨新鲜时呈瓷白色、半透明状
   B. 细胞间质中含大量胶原纤维
   C. 透明软骨分布于气管、关节面等处
   D. 软骨内没有血管
   E. 透明软骨抗压、耐磨，具有一定弹性

3. 构成耳郭的软骨是(　　)
   A. 透明软骨　　B. 弹性软骨
   C. 纤维软骨　　D. 纤维软骨与弹性软骨
   E. 透明软骨与弹性软骨

4. 软骨细胞的营养依靠(　　)

A. 基质渗透　　B. 基质中丰富的血管
C. 毛细血管直接开口于软骨陷窝　　D. 软骨内小管
E. 基膜渗透

5. 下列哪种细胞不是骨组织的细胞成分（　　）
A. 破骨细胞　　B. 骨细胞
C. 骨原细胞　　D. 成骨细胞
E. 间充质细胞

6. 骨组织细胞成分中含有大量溶酶体的是（　　）
A. 成骨细胞　　B. 破骨细胞
C. 骨细胞　　D. 骨原细胞
E. 间充质细胞

7. 由多个单核细胞融合而成的细胞（　　）
A. 间充质细胞　　B. 骨细胞
C. 骨祖细胞（或骨原细胞）　　D. 成骨细胞
E. 破骨细胞

8. 电镜下可见大量粗面内质网、高尔基复合体、线粒体、游离核糖体的细胞是（　　）
A. 间充质细胞　　B. 成骨细胞
C. 骨祖细胞（或骨原细胞）　　D. 骨细胞
E. 破骨细胞

9. 类骨质是指哪种物质（　　）
A. 未钙化的骨基质　　B. 钙化的基质
C. 钙化的基质和纤维　　D. 密质骨
E. 松质骨

10. 骨质的结构呈（　　）
A. 板层状　　B. 均质状
C. 团块状　　D. 条索状
E. 网络状

11. 下列关于骨板的描述，错误的是（　　）
A. 骨板厚薄不一
B. 同一骨板内纤维平行排列
C. 同一骨板内纤维相互平行与相互垂直交叉排列
D. 相邻骨板内的纤维则相互垂直
E. 骨细胞位于相邻骨板间的骨陷窝内

12. 相邻骨细胞突起之间的连接方式是（　　）

A. 中间连接　　B. 紧密连接
C. 缝隙连接　　D. 镶嵌连接
E. 桥粒

13. 环绕骨髓腔内侧部分的骨板为(　　)
A. 外环骨板　　B. 内环骨板
C. 骨单位　　D. 间骨板
E. 骨小梁

四、多项选择题

1. 下列关于三种软骨的描述，正确的是(　　)
A. 均被覆有软骨膜　　B. 组织中均可见同源细胞群
C. 软骨细胞均可分裂增生　　D. 均有毛细血管分布
E. 软骨基质中的纤维均相互交织排列

2. 下列关于软骨细胞的描述，正确的是(　　)
A. 均位于软骨陷窝内
B. 细胞形状均相同
C. 都呈单个分布
D. HE 染色切片中软骨细胞与陷窝间常出现空隙
E. 胞浆中常含脂滴

3. 光镜下透明软骨中胶原原纤维在 HE 染色切片上不易显现的原因是(　　)
A. 数量极少　　B. 纤维细小
C. 与无定型基质折光率一致　　D. 平行分布
E. HE 染色时呈透明状

4. 与骨基质生成有关的细胞有(　　)
A. 骨祖细胞　　B. 骨原细胞
C. 成骨细胞　　D. 骨细胞
E. 破骨细胞

5. 下列关于骨外膜的叙述，正确的有(　　)
A. 被覆于骨和骨髓表面　　B. 含骨原细胞、成骨细胞
C. 有血管分布　　D. 有密集粗大的胶原纤维束
E. 参与骨创伤的修复

五、问答题

1. 试述软骨的组成、类型和分布？

2. 骨组织的细胞成分有哪些？各有哪些形态特点和功能？
3. 简述骨膜的结构和意义。

参考答案

一、名词解释

1. 软骨囊：软骨细胞包埋于软骨陷窝内，陷窝周围有一层含硫酸软骨素较多的基质称为软骨囊。

2. 同源细胞群：越向软骨组织深部，软骨细胞越成熟，细胞体积增大，渐呈圆球形或卵圆形，在一个软骨陷窝内常包括2～8个软骨细胞，它们是由同一个幼稚的软骨细胞分裂增殖而来，故称为同源细胞群。

3. 骨陷窝：骨细胞分散于骨板内或骨板间；胞体所在腔隙称骨陷窝。

4. 骨膜：骨膜由致密结缔组织组成。除关节面以外，覆盖在骨外表面的致密结缔组织称骨外膜，衬于骨髓表面的结缔组织称骨内膜。

5. 骨板：骨胶纤维有规律地排列成层称骨板。

6. 骨单位：又称哈佛系统，数量多，是骨干密质骨的主要成分。骨单位呈不规则圆筒状，中心的小管称中央管，又称哈佛管。

7. 穿通纤维：骨外膜外层较厚，胶原纤维束密集而粗大，有的纤维可横向穿入外环骨板，称为穿通纤维。

二、填空题

1. 软骨　2. 软骨囊；强嗜碱性　3. 粗面内质网；高尔基复合体　4. 紫红　5. 胶原纤维束　6. 膜内成骨；软骨内成骨

三、单项选择题

1. B　2. B　3. B　4. A　5. E　6. B　7. E　8. B　9. A　10. A　11. C　12. C　13. B

四、多项选择题

1. ABC　2. ADE　3. BCE　4. BCD　5. BCDE

五、问答题

1. 试述软骨的组成、类型和分布？

【参考答案】软骨主要由软骨组织和周围的软骨膜构成。软骨组织由软骨细胞和细胞间质构成。根据基质所含纤维成分不同，软骨可分为透明软骨、纤维软骨和弹性软骨三种类型。①透明软骨：外观似半透明的玻璃，基质内含纤细的胶原纤维，由于其折光率与基质相似，故在一般切片上看不到纤维成分。分布于鼻、喉、气管、支气管、关节软骨、肋软骨等处。②纤维软骨：间质中含有大量平行排列的胶原纤维束，软骨细胞成行排列于纤维束之间。分布于椎间盘、耻骨联合等处。③弹性软骨：间质内含有大量交织成网的弹性纤维，将软骨细胞分散隔离。分布于耳郭、会厌等处。

2. 骨组织的细胞成分有哪些？各有哪些形态特点和功能？

【参考答案】骨组织的细胞成分有：骨原细胞、成骨细胞、骨细胞和破骨细胞 4 种。骨细胞最多，位于骨基质内，其他 3 种细胞位于骨组织的边缘。①骨原细胞呈梭形，较小，是骨组织中的干细胞，可增殖分化为成骨细胞，分布于骨膜。②成骨细胞呈立方形或矮柱状，有突起，胞质呈嗜碱性，有基质小泡（内含钙化结晶，膜上有钙结合蛋白与碱性磷酸酶），单层排列于骨组织表面。功能：分泌类骨质，释放基质小泡，促进类骨质钙化。③骨细胞体积小、呈扁椭圆形，多突起。功能：具有一定的溶骨和成骨作用，参与调节钙、磷平衡。④破骨细胞体积大，胞质呈嗜酸性，6～50 个核，贴骨侧有皱褶缘，皱褶缘深面有许多吞噬泡，溶酶体和线粒体发达。功能：释放多种水解酶和有机酸，溶解骨质；吞噬分解的骨质成分。

3. 简述骨膜的结构和意义。

【参考答案】骨膜是骨表面除关节外所被覆的坚固的结缔组织膜。骨膜由两部分构成，外层由胶原纤维紧密结合而成，富有血管、神经，有营养和感觉作用。内层也称内膜，胶原纤维较粗，并含有细胞。生长中的骨膜，在其内面有成骨细胞整齐排列，具有造骨细胞的功能，参与骨的增粗生长，对骨的生长（变长、变粗）和增生（断裂愈合）有重要作用。在老化的骨膜内细胞数减少，也不具备造骨细胞的机能，但在骨的再生过程中可恢复造骨能力。

第五章 血 液

一、名词解释

1. 血浆 2. 血清 3. 网织红细胞 4. 异嗜性粒细胞 5. 小吞噬细胞
6. 血影 7. 造血干细胞 8. 血小板

二、填空题

1. 观察血细胞结构常用的方法是（　　　　）。

2. 衰老死亡的红细胞多在（　　　）、（　　　）等处被巨噬细胞吞噬、分解，同时由（　　　）产生和释放等量的红细胞，补充到血液中，以维持红细胞数量的相对恒定。

3. 血小板的主要功能是（　　　）和（　　　）。

4. 血液的有形成分包括（　　　）、（　　　）和（　　　）。

5. 哺乳动物成熟的红细胞呈（　　　）状，无（　　　）和（　　　），细胞质中充满（　　　），其具有结合与运输（　　　）和（　　　）的功能。

6. 白细胞中体积最大的细胞是（　　　），细胞质丰富，呈（　　　）性而染成灰蓝色，内含（　　　）颗粒。

三、单项选择题

1. 抽取血液加抗凝剂后离心沉淀，血液分为三层，从上至下依次为（　　）

A. 血清、白细胞和血小板、红细胞
B. 血清、红细胞、白细胞和血小板
C. 血浆、白细胞和血小板、红细胞
D. 血浆、红细胞、白细胞和血小板
E. 白细胞、红细胞、血小板和血浆

2. 红细胞胞质内主要含有（　　）

A. 纤维蛋白　　B. 肌动蛋白
C. 球蛋白　　D. 血红蛋白
E. 白蛋白

3. 用煌焦油蓝染色，网织红细胞中被染成蓝色的不规则颗粒或细网状结

构是（　　）

A. 破碎的细胞核　　B. 滑面内质网

C. 线粒体　　D. 核糖体

E. 高尔基复合体

4. 下列关于哺乳动物成熟红细胞的形态结构叙述错误的是（　　）

A. 双凹圆盘状　　B. 线粒体少

C. 胞质内充满大量的血红蛋白　　D. 中间薄，边缘厚

E. 无细胞核

5. 哺乳动物体内没有细胞核和细胞器的细胞是（　　）

A. 红细胞　　B. 血小板

C. 间充质细胞　　D. 脂肪细胞

E. 网织红细胞

6. 区别有粒白细胞与无粒白细胞的主要依据是（　　）

A. 细胞大小　　B. 细胞核有无分叶

C. 细胞内有无嗜天青颗粒　　D. 细胞内有无特殊颗粒

E. 细胞有无吞噬功能

7. 下列关于中性粒细胞的描述，正确的是（　　）

A. 占白细胞数量比例最少　　B. 无吞噬能力

C. 细胞质内只含特殊颗粒　　D. 细胞核分杆状核和分叶核

E. 细胞内只含嗜天青颗粒

8. 嗜碱性粒细胞的胞质颗粒内含有（　　）

A. 碱性磷酸酶和组胺　　B. 溶菌酶和肝素

C. 组胺、肝素、白三烯　　D. 过氧化物酶

E. 组胺酶

9. 能转化为巨噬细胞的是（　　）

A. 中性粒细胞　　B. 淋巴细胞

C. 单核细胞　　D. 嗜酸性粒细胞

E. 嗜碱性粒细胞

10. 关于嗜酸性粒细胞的描述，下列选项中错误的是（　　）

A. 在白细胞中数量最少

B. 嗜酸性颗粒中含组胺酶和芳基硫酸酯酶

C. 减弱变态反应

D. 具有抗寄生虫作用

E. 导致过敏反应

11. 患过敏性疾病或寄生虫病时，血液中何种白细胞增高（　　）

A. 中性粒细胞 B. 嗜酸性粒细胞
C. 嗜碱性粒细胞 D. 单核细胞
E. 淋巴细胞

12. 机体受细菌严重感染时，何种白细胞显著增高( )
A. 中性粒细胞 B. 嗜酸性粒细胞
C. 嗜碱性粒细胞 D. 单核细胞
E. 淋巴细胞

13. 由B淋巴细胞分化而来，产生免疫球蛋白的细胞是( )
A. 成纤维细胞 B. 巨噬细胞
C. 浆细胞 D. 肥大细胞
E. 间充质细胞

14. 导致过敏反应的细胞是( )
A. 成纤维细胞 B. 巨噬细胞
C. 浆细胞 D. 肥大细胞
E. 嗜酸性粒细胞

15. 脓细胞是由下列哪种细胞形成的( )
A. 嗜酸性粒细胞 B. 嗜碱性粒细胞
C. 中性粒细胞 D. 单核细胞
E. 淋巴细胞

16. 下列关于单核细胞的描述，错误的是( )
A. 是体积最大的白细胞 B. 胞质染成灰蓝色
C. 胞质内无颗粒 D. 具有吞噬能力
E. 细胞核呈卵圆形、肾形、马蹄形或不规则形

17. 造血干细胞起源于( )
A. 红骨髓 B. 肝
C. 脾 D. 胸腺
E. 卵黄囊血岛

四、多项选择题

1. 下列说法正确的是( )
A. 血清是血液凝固之后析出的淡黄色液体
B. 血浆是抗凝血离心后处于上层的淡黄色清亮液体
C. 血清中含有纤维蛋白原、凝血因子
D. 血浆是血液的细胞外基质
E. 血浆的主要功能是运输，此外还有防御、免疫等其他功能

2. 下列关于禽类的红细胞描述正确的是( )

A. 细胞呈椭圆形　　B. 有核
C. 具有形态可塑性　　D. 无细胞器
E. 胞质内含大量血红蛋白

3. 下列属于无粒白细胞的是(　　)
A. 嗜酸性粒细胞　　B. 嗜碱性粒细胞
C. 中性粒细胞　　D. 单核细胞
E. 淋巴细胞

4. 嗜碱性粒细胞的颗粒中含有(　　)
A. 肝素　　B. 过氧化物酶
C. 白三烯　　D. 组胺酶
E. 组胺

5. 中性粒细胞嗜天青颗粒中含有(　　)
A. 酸性磷酸酶　　B. 碱性磷酸酶
C. 过氧化物酶　　D. 溶菌酶
E. 吞噬素

6. 下列有关中性粒细胞的描述，正确的是(　　)
A. 核呈杆状或分叶状　　B. 胞质中有嗜天青颗粒和特殊颗粒
C. 抑制过敏反应　　D. 可转化为巨噬细胞
E. 有很强的趋化作用

7. 下列关于哺乳动物血小板的描述，正确的是(　　)
A. 双凹圆盘状　　B. 有完整的细胞膜
C. 无核，无细胞器　　D. 无核，有细胞器
E. 血涂片上常聚集成群

8. 下列哪些细胞的颗粒中含有肝素、组胺、白三烯(　　)
A. 嗜酸性粒细胞　　B. 嗜碱性粒细胞
C. 中性粒细胞　　D. 单核细胞
E. 肥大细胞

五、问答题

1. 试述血液的成分。
2. 简述哺乳动物红细胞的形态结构特点和功能。
3. 简述单核细胞的形态结构及其功能。

参考答案

一、名词解释

1. 血浆：血液经抗凝血离心后位于离心管上层的淡黄色液体为血浆。

2. 血清：血液自然凝固后析出的清亮液体为血清。

3. 网织红细胞：正常血液中有少量未完全成熟的红细胞，称为网织红细胞。

4. 异嗜性粒细胞：动物种类不同，中性粒细胞的大小、形态和结构也不一致，甚至有些动物的颗粒并不是中性而具有嗜酸性，可称为异嗜性粒细胞。

5. 小吞噬细胞：中性粒细胞能做变形运动并有吞噬功能，又称小吞噬细胞。

6. 血影：若血浆渗透压降低，水分就会进入红细胞内，使其肿胀破裂，称溶血，残留的红细胞膜称血影。

7. 造血干细胞：又称多能干细胞，起源于胚胎卵黄囊血岛，是生成各种血细胞的原始细胞，具有自我复制能力和多向分化能力，而且具有很强的增殖潜能。

8. 血小板：是从骨髓内巨核细胞上脱离下来的胞质小片，表面有完整的细胞膜和含有凝血因子的薄层血浆，内部无细胞核。主要功能是参与止血和凝血。

二、填空题

1. 血涂片染色法 2. 肝脏；脾脏；红骨髓 3. 止血；凝血 4. 红细胞；白细胞；血小板 5. 双凹圆盘；细胞核；细胞器；血红蛋白；氧气；二氧化碳 6. 单核细胞；弱嗜碱性；嗜天青

三、单项选择题

1. C 2. D 3. D 4. B 5. A 6. D 7. D 8. C 9. C 10. E 11. B 12. A 13. C 14. D 15. C 16. C 17. E

四、多项选择题

1. ABDE 2. ABCE 3. DE 4. ACE 5. AC 6. ABE 7. BDE 8. BE

五、问答题

1. 试述血液的成分。

【参考答案】血液是一种循环流动的液态结缔组织，它由无形成分血浆和有形成分红细胞、白细胞、血小板组成。①血浆：相当于结缔组织的细胞间质，为浅黄色半透明液体，其中除含有大量水分以外，还有无机盐、纤维蛋白原、白蛋白、球蛋白、酶、激素、各种营养物质、代谢产物等。②红细胞：大多数哺乳动物成熟红细胞表面光滑，呈双凹圆盘状，中央较薄，周缘较厚，无核，无细胞器，胞质内充满血红蛋白，呈红色，血红蛋白的主要功能是结合与运输氧气和二氧化碳。③白细胞：是具有细胞核和细胞器的球形细胞。根据有无特殊颗粒，分为有粒白细胞和无粒白细胞。有粒白细胞又根据颗粒对染料的亲和性不同，分为中性、嗜酸性和嗜碱性粒细胞。无粒白细胞包括单核细胞和淋巴细胞。④血小板：是骨髓巨核细胞脱落的胞质小块，具有生理性止血和凝血功能。

2. 简述哺乳动物红细胞的形态结构特点和功能。

【参考答案】哺乳动物成熟的红细胞为双凹圆盘状，无细胞核和细胞器，胞浆内充满血红蛋白。红细胞中央薄边缘厚，有利于进行气体交换。红细胞具有一定弹性和可塑性，它可以变形通过直径比自己小的毛细血管。红细胞的功能主要有：运输氧气和二氧化碳，调节酸碱平衡，红细胞膜具有血型抗原，红细胞的免疫功能。

3. 简述单核细胞的形态结构及其功能。

【参考答案】单核细胞是血液中体积最大的白细胞，呈球形，细胞核分叶少，呈卵圆形、肾形、马蹄形等。胞质丰富，因弱嗜碱性而呈浅灰蓝色，有很少的嗜天青颗粒，嗜天青颗粒为溶酶体结构。单核细胞具有活跃的变形运动和趋化性，也有一定的吞噬功能和免疫功能。单核细胞穿出血管进入结缔组织或一些器官内，分化形成各类巨噬细胞和抗原呈递细胞，故单核细胞是机体免疫系统的重要组成成分。

第六章 肌组织

一、名词解释

1. 肌纤维 2. 肌原纤维 3. 肌节 4. 闰盘 5. 终池 6. 横小管
7. 三联体 8. 肌浆网

二、填空题

1. 肌组织分为（ ）、（ ）和（ ）三种，其中属于横纹肌的是（ ）和（ ），属于随意肌的是（ ）。

2. 每一块肌肉表面均有致密的结缔组织构成的（ ），并内伸分隔，包围大小不等的肌束，为（ ）。

3. 在基膜与肌膜之间有一种扁平有突起的细胞称（ ）。

4. 由于躯体运动的耐力及速度要求不同，骨骼肌纤维一般分为3型，即：（ ）、（ ）和（ ）。

5. 肌细胞又称（ ），其细胞膜称（ ），细胞质称（ ）。

6. 心肌纤维呈（ ）状，多数细胞有（ ）个细胞核，位于细胞（ ），相邻心肌纤维间的连接处形成（ ）。

7. 平滑肌纤维呈（ ）形，有（ ）个细胞核，位于细胞的（ ）。

8. 肌浆网是肌纤维内特化的（ ），位于（ ）之间。

9. 骨骼肌纤维呈（ ）状，细胞核为（ ）个细胞核，细胞核位于（ ）。

10. 肌原纤维最显著的特征是有（ ）的条带。

三、单项选择题

1. 下列关于骨骼肌细胞核的描述，正确的是（ ）

A. 一个细胞核、位于细胞中央 B. 多个细胞核、位于细胞中央
C. 一个细胞核、位于肌膜下 D. 多个细胞核、位于肌膜下
E. 以上都不对

2. 骨骼肌纤维的横小管位于（ ）

A. Z线水平 B. A带和I带交界处

C. M线水平　　D. H带两侧

E. M线两侧

3. 三联体是指(　　)

A. 横小管合并一侧的终池和纵小管　　B. 纵小管和两侧的终池

C. 纵小管和两侧的横小管　　D. 终池和两侧的横小管

E. 横小管和两侧的终池

4. 骨骼肌收缩时(　　)

A. A带不变、I带、H带变窄甚至消失

B. I带变窄、A带和H带变宽

C. I带、A带、H带均变窄

D. H带不变、I带和A带变窄

E. I带变宽、A带变窄、H带变窄甚至消失

5. 肌节指(　　)

A. 相邻的A带和I带　　B. 相邻的肌纤维的横纹

C. 相邻的肌细胞之间的连接处　　D. 相邻两条M线之间的一段肌原纤维

E. 相邻两条Z线之间的一段肌原纤维

6. 电镜下，心肌闰盘处有(　　)

A. 中间连接、桥粒、紧密连接　　B. 中间连接、桥粒、缝隙连接

C. 紧密连接、桥粒、缝隙连接　　D. 连接复合体、桥粒、紧密连接

E. 以上都不对

7. 骨骼肌纤维的肌膜向肌浆内凹陷形成的小管是(　　)

A. 终池　　B. 肌质网

C. 横小管　　D. 纵小管

E. 三联体

8. 骨骼肌纤维内只有粗肌丝而无细肌丝的是(　　)

A. 肌节　　B. H带

C. A带　　D. Z线

E. I带

9. Z线位于肌原纤维的(　　)

A. 暗带中间　　B. H带中间

C. 暗带与明带之间　　D. 明带中间

E. 肌节中间

10. 肌细胞的滑面内质网特称(　　)

A. 肌浆网　　B. 横小管

C. 密体　　D. 终池

E. 纵小管

11. 下列关于平滑肌纤维的描述，错误的是(　　)

A. 单核　　B. 无横纹
C. 平滑肌纤维呈细长梭形　　D. 有肌原纤维
E. 常成层分布

12. 构成粗肌丝的蛋白质是(　　)

A. 肌动蛋白　　B. 肌球蛋白
C. 肌钙蛋白　　D. 原肌球蛋白
E. 肌红蛋白

13. 骨骼肌纤维的钙离子贮存在(　　)

A. 肌浆网　　B. 横小管
C. 粗丝横桥上　　D. 肌钙蛋白上
E. 肌浆内

14. 使心肌整体的收缩和舒张同步化主要依靠于(　　)

A. T 小管　　B. 闰盘处桥粒
C. 闰盘处缝隙连接　　D. 闰盘处黏合带
E. 二联体

15. 平滑肌纤维的细肌丝附着于(　　)

A. 肌膜　　B. 小凹
C. 密体和密斑　　D. 中间丝
E. 粗肌丝

16. 能够生成 ATP 并为肌纤维收缩提供能量的是(　　)

A. 横小管　　B. 终池
C. 线粒体　　D. 密斑
E. 肌浆网

四、多项选择题

1. 平滑肌纤维不同于心肌纤维的是(　　)

A. 有密斑和密体　　B. 无闰盘
C. 有中间丝　　D. 无横小管
E. 无肌原纤维

2. 与骨骼肌纤维相比，心肌纤维的特点是(　　)

A. 横小管较粗，位于 Z 线水平　　B. 主要形成二联体
C. 肌浆网不发达　　D. 有闰盘
E. 有缝隙连接

3. 关于肌浆网，下列描述正确的是(　　)

A. 为粗面内质网　　B. 膜上有钙泵
C. 能够贮存钙离子　　D. 两端可膨大形成终池
E. 对肌肉收缩有重要作用

4. 电镜下闰盘结构包括(　　)

A. 缝隙连接　　B. 黏合带
C. 紧密连接　　D. 桥粒
E. 半桥粒

5. 构成骨骼肌纤维内三联体的结构包括(　　)

A. 纵小管　　B. 横小管
C. 终池　　D. 缝隙连接
E. 紧密连接

6. 平滑肌纤维与骨骼肌纤维超微结构的不同之处有(　　)

A. 平滑肌纤维内有粗丝和细丝
B. 平滑肌纤维内有密斑、密体、中间丝
C. 平滑肌纤维无 Z 线
D. 平滑肌纤维收缩由粗丝向细丝滑动引起
E. 平滑肌纤维收缩时呈螺旋式扭曲

五、问答题

试述骨骼肌、心肌、平滑肌的光镜结构特征。

参考答案

一、名词解释

1. 肌纤维：肌细胞呈细长纤维状，又称肌纤维。

2. 肌原纤维：是骨骼肌纤维内纵行排列的细丝状结构，它由两种肌丝即粗肌丝和细肌丝平行规则排列而成。

3. 肌节：两条相邻 Z 线之间的一段肌原纤维称肌节。

4. 闰盘：在心肌纤维之间有特化的连接部位称闰盘。

5. 终池：纵小管两侧在接近横小管处扩大成束状称终池。

6. 横小管：简称 T 管，是肌膜向肌浆内凹陷形成的小管，方向与肌原纤维垂直，环绕于每条肌原纤维外面。

7. 三联体：每条横小管与两侧的终池组合成三联体。

8. 肌浆网：又称肌质网，是肌纤维内发达的滑面内质网。

二、填空题

1. 骨骼肌；心肌；平滑肌；骨骼肌；心肌；骨骼肌 2. 肌外膜；肌束膜 3. 肌卫星细胞 4. 红肌纤维；白肌纤维；中间纤维 5. 肌纤维；肌膜；肌质 6. 短圆柱；1；中央；闰盘 7. 细长梭形；1；中央 8. 滑面内质网；相邻两横小管 9. 长圆柱状；多；肌浆周边 10. 明暗相间

三、单项选择题

1. D 2. B 3. E 4. A 5. E 6. B 7. C 8. B 9. D 10. A 11. D 12. B 13. A 14. C 15. C 16. C

四、多项选择题

1. ABCDE 2. ABCDE 3. BCDE 4. ABD 5. BC 6. ABCE

五、问答题

试述骨骼肌、心肌、平滑肌的光镜结构特征。

【参考答案】①骨骼肌纤维呈圆柱状，长短粗细均有差异。骨骼肌纤维是多核细胞，有数十至数百个扁椭圆形核，位于肌浆周边。肌浆中有许多与肌纤维长轴平行排列的肌原纤维，呈细丝状，肌原纤维最显著的特点是有明暗相间的条带。而且，每条肌原纤维上的明暗带都是对应排列在同一个平面上，故呈现出明暗相间的横纹。②心肌纤维呈短圆柱状，有短的分支，且互相吻合成网；每条心肌纤维有一个位于中央的椭圆形核，偶见双核；肌原纤维较骨骼肌少，故横纹不甚明显，在心肌纤维之间有特化的连接部位称闰盘，与横纹的方向基本一致，但呈不规则阶梯状。③平滑肌纤维是细长梭形，无横纹，含有一个位于中央的核，呈棒状或椭圆形，着色较深，有1～2个核仁，肌纤维收缩时，核可扭曲成螺旋状。平滑肌纤维可单独存在，但大部分细胞紧密排列相互交错，成束或成层分布。

第七章 神经组织与神经系统

一、名词解释

1. 尼氏体 2. 神经原纤维 3. 神经递质 4. 突触 5. 神经纤维
6. 郎飞结 7. 神经节 8. 神经核 9. 神经末梢 10. 环层小体
11. 运动终板 12. 血脑屏障

二、填空题

1. 神经元是高度分化的细胞，由（ ）和（ ）两部分构成。后者又分为（ ）和（ ），一个神经元有一个或多个（ ），但只有一个（ ）。

2. 在一些大型的运动神经元，尼氏体大而多，宛如虎皮花纹，又称（ ），电镜下，尼氏体由大量平行排列的（ ）和其间的（ ）组成。当神经元受损或中毒时可引起尼氏体数量（ ），甚至（ ）。

3. 神经原纤维在镀银染色标本上呈（ ）色（ ）。在电镜下神经原纤维主要由（ ）和（ ）组成。

4. 神经元分泌的能向其他神经元或效应细胞传递化学信息的物质是（ ），存在于神经元内的通常不直接引起效应细胞的变化，而是通过改变神经元对神经递质的反应调节神经递质效应的物质是（ ）。

5. 在镀银染色标本上，树突表面可见许多棘状小突起，称为（ ），扩大了神经元接受（ ）的表面积。

6. 胞体发出轴突的部位常呈圆锥状，称为（ ），此处不含（ ），光镜下常以此区分树突和轴突。

7. 轴突表面的细胞膜称为（ ），内含的细胞质称为（ ）。轴突与胞体之间进行频繁的物质交流，称为（ ）。

8. 根据神经元突起的数目，可将其分为（ ）、（ ）和（ ）三类。

9. 根据神经元的功能，可将其分为（ ）、（ ）和（ ）三类。

10. 化学性突触利用（ ）作为传递信息的介质，电突触以（ ）作为信息进行传递。

11. 电镜下，化学性突触由（　　　　）、（　　　　）和（　　　　）组成。

12. 突触小泡表面附有一种蛋白质，称为（　　　　）。

13. 突触的兴奋性或抑制性，取决于（　　　　）。

14. 中枢神经系统的神经胶质细胞有（　　　　）、（　　　　）、（　　　　）和（　　　　）四种。

15. 一个神经膜细胞包裹一段轴突，相邻两个细胞之间形成间断，形似藕节，称为（　　　　）或（　　　　），相邻郎飞结之间的一段神经纤维称为（　　　　）。

16. 神经系统主要由（　　　　）构成，分为（　　　　）系统和（　　　　）系统。前者由（　　　　）、（　　　　）、（　　　　）和（　　　　）构成，后者由（　　　　）、（　　　　）和（　　　　）构成。

17. 大脑灰质位于表面，又称（　　　　），主要由（　　　　）和（　　　　）构成，白质位于深部，又称（　　　　），主要由（　　　　）构成。

18. 在患中枢神经系统退行性疾病时，由于大脑皮质内的（　　　　）神经元大量死亡，大脑皮质广泛萎缩，尤其是（　　　　）区最为严重，显微镜镜检，可见病变区出现大量由（　　　　）沉积形成的老年斑，神经元内出现（　　　　）缠结，其病变基础是（　　　　）。

19. 大脑皮质的神经元按胞体形态可分为（　　　　）细胞、（　　　　）细胞和（　　　　）细胞三类。

20. 大脑皮质由表入里可分为（　　　　）、（　　　　）、（　　　　）、（　　　　）、（　　　　）和（　　　　）6层。

21. 小脑皮质自外向内明显地分为3层，即（　　　　）层、（　　　　）层和（　　　　）层。

22. 在脑和脊髓的表面都包有3层结缔组织被膜，从表至里依次为（　　　　）、（　　　　）和（　　　　）。

23. 有被囊的神经末梢主要有（　　　　）、（　　　　）和（　　　　）3种。

三、单项选择题

1. 神经元是高度分化的细胞，其结构可分为（　　）
   A. 胞膜、胞质和胞核　　B. 胞体和突起
   C. 胞体和突触　　D. 树突和轴突
   E. 神经原纤维和神经末梢
2. 神经元尼氏体分布在（　　）
   A. 胞体和轴突内　　B. 胞体和树突内

C. 树突和轴突内　　D. 胞体内

E. 整个神经元内

3. 尼氏体在电镜下的结构是(　　)

A. 粗面内质网和游离核糖体　　B. 粗面内质网和高尔基复合体

C. 滑面内质网和游离核糖体　　D. 滑面内质网和溶酶体

E. 神经丝和微管

4. 关于神经元的光镜结构特征，下列描述错误的是(　　)

A. 均由胞体、树突和轴突组成

B. 细胞核大而圆，核仁明显

C. 细胞质内除一般细胞器外，还富含尼氏体和神经纤维两种特征性的结构

D. 所有神经元都只有一个轴突

E. 胞体及突起内都有神经原纤维

5. 下列关于突触的描述，错误的是(　　)

A. 神经元与神经元之间或神经元与非神经元之间的细胞连接

B. 突触后膜有神经递质的受体

C. 由突触前成分、突触间隙和突触后成分组成

D. 突触前、后膜之间有缝隙连接

E. 突触前、后膜之间有突触间隙

6. 最常见的突触方式是(　　)

A. 轴-体突触和轴-树突触　　B. 轴-体突触和轴-轴突触

C. 轴-树突触和树-树突触　　D. 轴-轴突触和树-树突触

E. 轴-体突触和树-树突触

7. 化学性突触中传递神经冲动的结构是(　　)

A. 线粒体　　B. 微管

C. 突触小泡　　D. 微丝

E. 神经丝

8. 具有吞噬功能的神经胶质细胞是(　　)

A. 小胶质细胞　　B. 少突胶质细胞

C. 卫星细胞　　D. 星形胶质细胞

E. 施万细胞

9. 周围神经系统有髓神经纤维的髓鞘来自(　　)

A. 星形胶质细胞　　B. 施万细胞

C. 小胶质细胞　　D. 少突胶质细胞

E. 卫星细胞

10. 中枢神经系统有髓神经纤维的髓鞘形成细胞是(　　)

A. 原浆性星形胶质细胞　　B. 少突胶质细胞
C. 小胶质细胞　　D. 施万细胞
E. 纤维性星形胶质细胞

11. 下列关于星形胶质细胞的描述，错误的是(　　)
A. 在胶质细胞中体积最大，数量最多
B. 参与形成血脑屏障
C. 有营养和促进神经元生长的作用
D. 突起分轴突和树突
E. 有支持和分割神经元的作用

12. 施万细胞指的是(　　)
A. 神经膜细胞　　B. 星形胶质细胞
C. 小胶质细胞　　D. 卫星细胞
E. 少突胶质细胞

13. 有髓神经纤维传导神经冲动的方式是(　　)
A. 在轴膜上连续进行　　B. 在轴膜上跳跃式进行
C. 在郎飞结间连续跳跃式进行　　D. 在髓鞘切迹间连续跳跃式进行
E. 在结间体间连续跳跃式进行

14. 关于周围神经系统有髓神经纤维的结构，下列描述错误的是(　　)
A. 髓鞘由施万细胞的细胞膜包绕轴突（或长树突）形成
B. 相邻两个神经膜细胞之间的间断处称神经纤维节
C. 郎飞结处轴突（或长树突）裸露
D. 一个施万细胞包绕形成一个结间体
E. 一个施万细胞参与多条有髓神经纤维的形成

15. 关于环层小体，下列描述错误的是(　　)
A. 圆形或椭圆形
B. 感受触觉
C. 被囊由同心圆排列的扁平细胞组成
D. 环层小体中轴有一内棍
E. 分布于真皮深层、皮下组织、肠系膜等处

16. 运动终板是指(　　)
A. 腺细胞与神经元之间的细胞连接
B. 胶质细胞与神经元之间的细胞连接
C. 运动神经元轴突与骨骼肌纤维形成的突触连接
D. 平滑肌纤维与神经元之间的细胞连接
E. 感觉神经元的神经终末与骨骼肌纤维所形成的效应器

17. 肌梭的主要功能是(　　)

A. 感受肌纤维的伸缩变化　　B. 感受肌腱张力

C. 感受骨骼肌的压觉　　D. 引起肌纤维的收缩

E. 感受骨骼肌的痛觉

18. 在中枢神经系统中，神经元胞体集中的部位称为(　　)

A. 神经核　　B. 灰质

C. 神经节　　D. 神经丛

E. 髓质

19. 在周围神经系统中，神经元胞体集中的结构称为(　　)

A. 白质　　B. 神经核

C. 神经节　　D. 皮质

E. 髓质

20. 大脑皮质由浅入深依次是(　　)

A. 分子层、外椎体细胞层、内椎体细胞层、多形细胞层、外颗粒层和内颗粒层

B. 分子层、内椎体细胞层、外椎体细胞层、多形细胞层、外颗粒层和内颗粒层

C. 分子层、外颗粒层、外椎体细胞层、内颗粒层、内椎体细胞层和多形细胞层

D. 外椎体细胞层、外颗粒层、内椎体细胞层、内颗粒层和多形细胞层

E. 多形细胞层、内颗粒层、内椎体细胞层、外颗粒层、外椎体细胞层、分子层

21. 浦肯野细胞分布在(　　)

A. 大脑皮质　　B. 小脑皮质

C. 脊髓灰质　　D. 脊神经节

E. 自主神经节

22. 小脑皮质可分为三层，由外向内分别是(　　)

A. 分子层、椎体细胞层和颗粒层

B. 分子层、颗粒层和浦肯野细胞层

C. 分子层、浦肯野细胞层和椎体层

D. 分子层、浦肯野细胞层和颗粒层

E. 颗粒层、浦肯野细胞层和分子层

23. 大脑皮质内没有(　　)

A. 水平细胞　　B. 椎体细胞

C. 浦肯野细胞　　D. 星形细胞

E. 梭形细胞

24. 大脑皮质的梭形细胞位于(　　)

A. 外颗粒层　　B. 内颗粒层

C. 内椎体细胞层　　D. 多形细胞层

E. 外椎体细胞层

25. 椎体细胞分布于(　　)

A. 小脑皮质　　B. 大脑皮质

C. 脊髓灰质　　D. 脊髓后角

E. 脊髓前角

26. 下列关于浦肯野细胞的描述，错误的是(　　)

A. 是小脑皮质中最大的神经元　　B. 胞体位于皮质最深层

C. 树突分支茂密呈扇形展开　　D. 是小脑皮质唯一的传出神经元

E. 胞体呈梨形

27. 游离神经末梢感受(　　)

A. 压力觉　　B. 冷、热、痛

C. 张力觉　　D. 振动觉

E. 肌纤维的伸缩变化

28. 运动终板属于(　　)

A. 内脏运动神经末梢　　B. 躯体运动神经末梢

C. 感觉神经末梢　　D. 电突触

E. 有被囊神经末梢

四、多项选择题

1. 下列关于神经元的描述，正确的是(　　)

A. 胞体大小差异较大　　B. 突起长短不一

C. 胞质内有神经原纤维和尼氏体　　D. 核大而圆，位于周边，核仁明显

E. 部分神经元具有内分泌功能

2. 下列关于神经元突起的描述，正确的是(　　)

A. 突起可分为树突和轴突　　B. 树突可有多个，而轴突仅有 1 个

C. 突起内均含有神经原纤维　　D. 轴突能合成蛋白质和神经递质

E. 树突表面有受体，可接受刺激

3. HE 染色下的神经元胞体形态特征是(　　)

A. 胞体较大

B. 细胞核大而圆，异染色质少，核仁明显

C. 胞质内有尼氏体

D. 胞质内有神经原纤维
E. 胞体伸出许多长突起

4. 神经原纤维的组成成分是(　　)
A. 神经丝　　B. 胶质丝
C. 微丝　　D. 微管
E. 内质网

5. 突触存在于(　　)
A. 神经元与肌细胞之间　　B. 神经元与腺细胞之间
C. 神经元与神经元之间　　D. 神经元与少突胶质细胞之间
E. 神经元与星形胶质细胞之间

6. 化学突触由下列哪些结构组成(　　)
A. 突触前成分　　B. 突触后成分
C. 突触间隙　　D. 紧密连接
E. 缝隙连接

7. 化学性突触的信息传递特征是(　　)
A. 单向性　　B. 双向性
C. 特异性　　D. 一次性
E. 多次性

8. 下列关于化学性突触的描述，正确的是(　　)
A. 突触前成分内有突触小泡
B. 突触间隙内物质可与神经递质结合
C. 突触的结构包括突触前膜、突触后膜两部分
D. 突触前膜上有钙离子通道
E. 突触后膜上有受体

9. 中枢神经系统的神经胶质细胞包括(　　)
A. 星形胶质细胞　　B. 少突胶质细胞
C. 施万细胞　　D. 室管膜细胞
E. 卫星细胞

10. 与有髓神经纤维髓鞘形成有关的神经胶质细胞是(　　)
A. 星形胶质细胞　　B. 少突胶质细胞
C. 小胶质细胞　　D. 室管膜细胞
E. 施万细胞

11. 下列关于室管膜细胞的描述，正确的有(　　)
A. 呈立方形　　B. 分布于脑室和脊髓中央管腔面
C. 是一种神经胶质细胞　　D. 有吞噬作用

E. 可分泌脑脊液

12. 下列关于周围神经有髓神经纤维描述正确的是(　　)
    A. 髓鞘由施万细胞包卷轴突（或长树突）形成
    B. 每个结间体有两个施万细胞包绕
    C. 郎飞结处有薄层髓鞘
    D. 电镜下，髓鞘呈明暗相间的板层状
    E. 轴突越粗，髓鞘越厚，结间体越长
13. 有髓神经纤维髓鞘的主要作用是(　　)
    A. 绝缘
    B. 营养轴突
    C. 保护
    D. 加快神经冲动的传导速度
    E. 参与损伤后的修复
14. 小脑皮质的神经元有(　　)
    A. 颗粒细胞
    B. 浦肯野细胞
    C. 篮状细胞
    D. 高尔基细胞
    E. 星形细胞
15. 下列关于小脑浦肯野细胞的描述，正确的是(　　)
    A. 是小脑皮质中体积最大的细胞
    B. 是小脑皮质中的传出神经元
    C. 胞体位于颗粒层内
    D. 树突的大量分支呈扇形展开
    E. 有大量树突棘
16. 大脑皮质的神经元包括(　　)
    A. 水平细胞
    B. 椎体细胞
    C. 篮状细胞
    D. 梭形细胞
    E. 星形细胞
17. 关于大脑皮质的描述，下列正确的是(　　)
    A. 一般可分为 6 层
    B. 第 1～4 层主要接受传入冲动
    C. 投射纤维主要起自第 5、6 层的神经元
    D. 颗粒细胞数目最多，为中间神经元
    E. 分子层内无神经元
18. 脊神经节神经元的结构特征是(　　)
    A. 为假单极神经元
    B. 胞体大小不等，成群分布
    C. 胞体发出的轴突在附近呈 T 形分叉

D. 胞体周围无神经胶质细胞
E. 为双极神经元

19. 属于感觉神经末梢的是(　　)
A. 游离神经末梢　B. 环层小体
C. 触觉小体　D. 肌梭
E. 运动终板

20. 下列关于运动终板的描述，正确的是(　　)
A. 轴突终末释放乙酰胆碱　B. 无髓神经纤维的轴突终末参与形成
C. 仅分布于骨骼肌　D. 也称为神经肌连接
E. 一条骨骼肌纤维通常只接受一条轴突分支的分配

21. 下列关于肌梭的描述，正确的是(　　)
A. 分布于骨骼肌和心肌　B. 结缔组织被囊包裹几条细小肌纤维
C. 感受肌纤维痛觉刺激　D. 其内无运动神经纤维轴突终末
E. 感觉神经纤维的轴突进入其内包绕肌纤维

22. 构成血-脑脊液屏障的成分有(　　)
A. 连续毛细血管内皮细胞　B. 紧密连接
C. 内皮基膜　D. 神经胶质膜
E. 软膜

23. 下列关于脑脊液的描述正确的是(　　)
A. 脑脊液是无色透明的液体　B. 脑室、蛛网膜下腔充满脑脊液
C. 脊髓中央管充满脑脊液　D. 脑脊液不随血管进入脑内
E. 软膜血管周隙充满脑脊液

五、问答题

1. 简述神经元的结构和功能。
2. 试述大脑皮质的基本结构。
3. 常见的神经末梢结构有哪些?

参考答案

一、名词解释

1. 尼氏体：是神经元胞体中特有的结构。由大量平行排列的粗面内质网和其间的游离核糖体组成，能合成蛋白质。为嗜碱性物质，光镜下呈斑块状或细粒状散在分布。

2. 神经原纤维：主要由聚集成束的神经丝和微管组成，此外还有短而分

散的微丝。在银染的标本上呈棕黑色细丝状。

3. 神经递质：由神经元分泌的并向其他神经元或效应细胞传递的化学信息物质。

4. 突触：是神经元与神经元、神经元与非神经元之间一种特化的细胞连接，是神经元传递信息的结构。

5. 神经纤维：由神经元的轴突或长树突外包神经胶质细胞构成。

6. 郎飞结：有髓神经纤维的轴突，除起始端和终末部分外，其余段落均有神经膜细胞包裹。一个神经膜细胞包裹一段轴突，相邻两个细胞之间形成间断，形似藕节，此间断处称为郎飞结或神经纤维节。

7. 神经节：在周围神经系统内，神经元胞体聚集的部位称为神经节。

8. 神经核：脑的白质中有灰质团块，称神经核。

9. 神经末梢：是周围神经纤维的终末部分，终止于全身各组织器官内，并与组织共同形成形式多样的特殊结构。

10. 环层小体：呈圆形或椭圆形，分布于真皮深层、皮下组织、肠系膜等处，感受压力、振动和张力。

11. 运动终板：躯体运动神经末梢是分布于骨骼肌的运动神经元轴突与骨骼肌纤维形成化学性突触连接结构，因神经肌肉连接处呈椭圆形的板状隆起，故称运动终板。

12. 血脑屏障：在血液与脑组织之间存在一种保护性结构，它能阻止血液中的某些有害物质进入脑组织内，这种结构称为血脑屏障。

二、填空题

1. 胞体；胞突；树突；轴突；树突；轴突 2. 虎斑；粗面内质网；核糖体；减少；消失 3. 棕黑；细丝状；神经丝；微管 4. 神经递质；神经调质 5. 树突棘；刺激 6. 轴丘；尼氏体 7. 轴膜；轴质；轴突运输 8. 假单极神经元；双极神经元；多极神经元 9. 感觉神经元；运动神经元；联络神经元 10. 化学物质；电信号 11. 突触前成分；突触间隙；突触后成分 12. 突触素 13. 神经递质的性质和受体的种类 14. 星形胶质细胞；少突胶质细胞；小胶质细胞；室管膜细胞 15. 神经纤维节；郎飞结；结间体 16. 神经组织；中枢神经；外周神经；大脑；小脑；脑干；脊髓；周围神经；神经节；神经末梢 17. 大脑皮质；胞体；树突；大脑髓质；有髓神经纤维 18. 胆碱能；海马；淀粉样蛋白；神经原纤维；微管相关蛋白过度磷酸化 19. 椎体；颗粒；梭形 20. 分子层；外颗粒层；外椎体细胞层；内颗粒层；内椎体细胞层；多形细胞层 21. 分子；浦肯野细胞；颗粒 22. 硬膜；蛛网膜；软膜 23. 触觉小体；环层小体；肌梭

三、单项选择题

1. B　2. B　3. A　4. C　5. D　6. A　7. C　8. A　9. B　10. B　11. D
12. A　13. C　14. E　15. B　16. C　17. A　18. B　19. C　20. C　21. B　22. D
23. C　24. D　25. B　26. B　27. B　28. B

四、多项选择题

1. ABCE　2. ABCE　3. ABC　4. ACD　5. ABC　6. ABC　7. ACD
8. ABDE　9. ABD　10. BE　11. ABCE　12. ADE　13. ACD　14. ABCDE
15. ABDE　16. ABCDE　17. ABCD　18. ABC　19. ABCD　20. ACDE
21. BE　22. ABCD　23. ABCE

五、问答题

1. 简述神经元的结构和功能。

【参考答案】神经元胞体的结构：胞体是神经元的营养代谢中心，表面有细胞膜，内含细胞质和细胞核。①细胞膜，细胞膜是可兴奋膜，能够接受刺激、处理信息、产生和传导神经冲动。②细胞核，细胞核只有一个，多位于胞体中央，大而圆。常染色质丰富，多位于细胞核中央，染色浅，呈空泡状。异染色质少，染色深，多位于细胞核边缘。核仁大而明显。③细胞质，又称核周质，胞质含有块状或颗粒状嗜碱性物质，称尼氏体。电镜下，它为丰富的粗面内质网和游离核糖体，蛋白质的合成活跃。胞质内还含有神经原纤维，在银染的标本上呈棕黑色细丝状，在胞体内交织成网，并呈束状伸入突起内，是神经元的细胞骨架，参与物质运输。

2. 试述大脑皮质的基本结构。

【参考答案】大脑皮质的基本结构如下：①大脑皮质有三类神经元：锥体细胞，胞体呈锥形，轴突自胞体底部发出，长者进入髓质，组成投射纤维或联合传出纤维；颗粒细胞，胞体呈颗粒状，是中间神经元，构成皮质内信息贮存、加工和传递的局部环路；梭形细胞，胞体呈梭形，大梭形细胞的轴突进入髓质，组成投射纤维或联合传出纤维。②大脑皮质的神经元是以分层方式排列，一般从表面至深层分为六层，即分子层、外颗粒层、外锥体细胞层、内颗粒层、内锥体细胞层和多形细胞层。

3. 常见的神经末梢结构有哪些？

【参考答案】常见的神经末梢结构有：①感觉神经末梢：游离神经末梢，分布在上皮组织、结缔组织和肌组织内，感受冷、热、疼、痛刺激和轻触刺激；有被囊的神经末梢，包括触觉小体（分布在真皮乳头内，感受触觉）、环层小体（分布在真皮深层、皮下组织、肠系膜等处，感受压力、振动和张力）、肌梭（分布在骨骼肌，感受肌纤维的伸缩变化，在调节骨骼肌的运动方面起重要作用）。②运动神经末梢：躯体运动神经末梢，分布在骨骼肌的运动神经元轴突与骨骼肌纤维形成的化学性突触连接结构，因神经肌肉连接处呈椭圆形的板状隆起，故又称运动终板；内脏运动神经末梢，分布在心肌、腺体、内脏和血管的平滑肌，支配心肌、平滑肌的收缩和腺体的分泌。

第八章　循环系统

一、名词解释

1. 心房特殊颗粒　2. 心骨骼　3. 肌性动脉　4. W-P小体　5. 微循环　6. 微动脉　7. 直捷通路　8. 毛细血管后微静脉

二、填空题

1. 心血管系统由(　　　)、(　　　)、(　　　)和(　　　)组成。

2. 心壁由（　　　）、（　　　）和（　　　）三层构成。

3. 心脏传导系统由（　　　）细胞、（　　　）细胞和（　　　　　）细胞三种构成。

4. 毛细血管结构简单，仅由（　　　）和（　　　）构成。

5. 淋巴管系统由（　　　）、（　　　）和（　　　）组成，其功能是将（　　　）回收至（　　　）。

6. 血管（除毛细血管外）的一般结构由(　　　)、(　　　)和(　　　)构成。

7. 外周阻力动脉指（　　　　）和（　　　　）。

8. 中动脉内膜和中膜的明显分界是（　　　　）。

9. 与毛细血管相连的微静脉称为（　　　　　　）。

10. 电镜下毛细血管可分为（　　　　　　）、（　　　　　　）和（　　　　　　）三种类型。

三、单项选择题

1. 浦肯野纤维分布于(　　)

A. 内皮下层　　B. 心内膜下层

C. 心内膜　　D. 心外膜

E. 内皮

2. 心外膜的组成是(　　)

A. 间皮　　B. 脂肪组织

C. 间皮和结缔组织　　D. 血管和脂肪组织

E. 心肌和结缔组织

3. 心瓣膜的结构特点是(　　)
   A. 表面衬一层间皮细胞，中心为致密的结缔组织
   B. 表面衬一层间皮细胞，中心为软骨组织
   C. 表面衬一层内皮细胞，中心为致密结缔组织
   D. 表面衬一层内皮细胞，中心为软骨组织
   E. 表面衬一层内皮细胞，中心为心肌膜成分
4. 循环系统的共同结构是(　　)
   A. 内皮　　B. 内弹性膜
   C. 平滑肌纤维　　D. 内皮和基膜
   E. 弹性纤维
5. 血管壁的一般组织结构可分为(　　)
   A. 内皮、中膜、外膜　　B. 内皮、内弹性膜、外膜
   C. 内弹性膜、中膜、外膜　　D. 内膜、中膜、外膜
   E. 内膜、中膜、外弹性膜
6. 具有大量弹性膜的血管部位是(　　)
   A. 大动脉中膜　　B. 中动脉中膜
   C. 小动脉中膜　　D. 大静脉中膜
   E. 中静脉中膜
7. 内弹性膜位于(　　)
   A. 内膜与外膜之间　　B. 中膜
   C. 外膜　　D. 内膜与中膜之间
   E. 中膜与外膜之间
8. 下列关于动脉内弹性膜的特征描述错误的是(　　)
   A. 为内膜和中膜的分界　　B. 横断面常呈波纹状
   C. 属于中膜　　D. 大动脉内弹性膜不明显
   E. 中动脉的内弹性膜较发达
9. 下列关于中动脉描述错误的是(　　)
   A. 又称肌性动脉　　B. 内弹性膜是内膜和中膜的分界线
   C. 内弹性膜属于中膜　　D. 中膜有数十层环形平滑肌
   E. 中动脉管壁中有小血管分布
10. 下列关于大动脉的结构特征描述错误的是(　　)
   A. 内皮下层较明显，内含胶原纤维、弹性纤维和少量平滑肌纤维
   B. 中膜主要由大量的弹性膜构成
   C. 内膜与中膜界限不清
   D. 外膜比中膜厚，外弹性膜不明显

E. 外膜中有营养血管

11. 与同级动脉相比，关于静脉的结构特点描述错误的是(　　)

A. 管腔大，管壁薄　　B. 管壁内平滑肌少、弹性纤维少

C. 中膜最厚　　D. 较大的静脉常有静脉瓣

E. 内外弹性膜不明显，管壁三层结构分界不清晰

12. 下列关于毛细血管的描述错误的是(　　)

A. 在动物体内分布最广、分支最多、管径最小、管壁最薄

B. 一般位于动脉和静脉之间

C. 在组织器官内吻合成网

D. 代谢功能旺盛的组织器官，毛细血管稠密

E. 毛细血管的通透性是固定的，不能改变

13. 毛细血管结构简单，横切面上一般组成是(　　)

A. 有1～3个内皮细胞附着在基膜上，基膜与内皮细胞间有周细胞

B. 有1～3个内皮细胞附着在基膜上，基膜与内皮细胞间有肌上皮细胞

C. 有1～2层内皮细胞附着在基膜上，基膜外有周细胞

D. 有1～2层内皮细胞附着在基膜上，基膜与内皮细胞间有外膜细胞

E. 有内皮细胞和周细胞相间排列，附着在基膜上

14. 周细胞存在于(　　)

A. 小动脉内皮细胞与基膜间　　B. 微动脉内皮细胞与基膜间

C. 毛细血管内皮细胞与基膜间　　D. 毛细血管平滑肌细胞与基膜间

E. 微静脉内皮细胞与平滑肌细胞间

15. 下列选项中，毛细血管分布稠密的组织是(　　)

A. 肺　　B. 骨组织

C. 肌腱　　D. 平滑肌

E. 角膜

16. 下列选项中，无毛细血管分布的组织是(　　)

A. 骨骼肌　　B. 软骨组织

C. 肌腱　　D. 平滑肌

E. 韧带

17. 有孔毛细血管与连续毛细血管的主要区别是(　　)

A. 内皮细胞连续　　B. 胞质薄，有许多小孔

C. 胞质内含吞饮小泡　　D. 内皮外周细胞少

E. 基膜薄而连续

18. 下列关于连续毛细血管的描述正确的是(　　)

A. 内皮细胞质含少量吞饮小泡，内皮细胞间有紧密连接，基膜完整

B. 内皮细胞质含许多吞饮小泡，内皮细胞间有紧密连接，基膜完整
C. 内皮细胞质含许多吞饮小泡，内皮细胞间有间隙，基膜完整
D. 内皮细胞质含许多吞饮小泡，内皮细胞间有紧密连接，基膜不完整
E. 内皮细胞质含少量吞饮小泡，内皮细胞间有间隙，基膜完整

19. 下列关于血窦的结构特点描述错误的是（　　）
A. 管壁薄，管腔不规则　　B. 相邻细胞间有较大腔隙
C. 基膜连续　　D. 周细胞极少或无
E. 内皮细胞内吞饮小泡很少，细胞上有小孔

20. 连续毛细血管分布于（　　）
A. 肾小球　　B. 胃肠黏膜
C. 红骨髓　　D. 脾脏
E. 骨骼肌

21. 有孔毛细血管分布于（　　）
A. 结缔组织　　B. 皮肤
C. 肾小球　　D. 肝
E. 脾

22. 血窦分布于（　　）
A. 结缔组织　　B. 皮肤
C. 胃肠黏膜　　D. 脾脏
E. 骨骼肌

23. 血管内皮细胞中吞饮小泡的主要作用是（　　）
A. 吞噬异物　　B. 分泌活性物质
C. 贮存物质　　D. 物质转运
E. 传递信息

24. 内皮细胞特有的细胞器是（　　）
A. 高尔基复合体　　B. 内质网
C. 微丝　　D. W－P 小体
E. 溶酶体

25. 微循环是指（　　）
A. 小动脉和小静脉之间的血液循环
B. 微动脉和微静脉之间的血液循环
C. 小动脉和毛细血管后微静脉之间的血液循环
D. 微动脉和毛细血管后微静脉之间的血液循环
E. 毛细血管和毛细血管后微静脉之间的血液循环

四、多项选择题

1. 下列关于心壁的组织结构，描述正确的是(　　)
   A. 心壁由内向外依次为心内膜、心肌膜、心外膜
   B. 心内膜下层含浦肯野纤维
   C. 心肌纤维分内纵肌、中环肌、外斜肌三层
   D. 浦肯野纤维是区分心内膜和心外膜的主要依据
   E. 心外膜为心包膜的脏层，表面是间皮
2. 下列关于心房肌细胞的描述，正确的有(　　)
   A. 横小管较多　　B. 比心室肌细胞细而短
   C. 比心室肌细胞粗而长　　D. 含密集的心房特殊颗粒
   E. 可分泌心钠素
3. 心内膜的组成结构有(　　)
   A. 内皮　　B. 固有层
   C. 内皮下层　　D. 内膜下层
   E. 心内膜下层
4. 属于心脏传导系统的细胞是(　　)
   A. 起搏细胞　　B. 移行细胞
   C. 心室肌细胞　　D. 浦肯野细胞
   E. 心房肌细胞
5. 下列关于心脏的传导系统描述正确的是(　　)
   A. 传导系统由特殊的心肌纤维组成
   B. P 细胞是心脏兴奋的起搏点
   C. P 细胞周围有丰富的神经末梢
   D. 移行细胞的作用是传导冲动
   E. 房室束末端的束细胞与普通心肌纤维相连
6. 下列关于动脉的功能描述正确的是(　　)
   A. 大动脉的弹性使血流保持连续性
   B. 中动脉舒缩可调节各器官血流量
   C. 小动脉舒缩影响血流外周阻力和血压变化
   D. 微动脉舒缩影响血流外周阻力和血压变化
   E. 微动脉舒缩调节局部组织血流量
7. 下列关于大动脉的描述正确的是(　　)
   A. 中膜主要由数十层弹性膜构成　B. 中膜主要有数十层环形平滑肌构成
   C. 属于肌性动脉　　D. 管壁分内膜、中膜和外膜

E. 三层分界不清晰

8. 大静脉的特征包括(　　)

A. 管壁内平滑肌和弹性纤维较少

B. 中膜很不发达，为几层排列疏松的环行平滑肌纤维

C. 中膜厚，有较多的环形平滑肌

D. 外膜厚，有较多的纵行平滑肌束

E. 有较明显的内弹性膜

9. 静脉瓣的特征包括(　　)

A. 常见于管径 1 mm 以上的静脉

B. 由内膜凸入管腔折叠而成

C. 表面覆以内皮，内部为含弹性纤维的结缔组织

D. 游离缘指向心脏方向

E. 防止血液逆流

10. 小动脉的特征包括(　　)

A. 管径在 0.3 mm 以下　　B. 管壁可分为三层

C. 有几层环形平滑肌　　D. 有内弹性膜

E. 外膜厚度与中膜相近

11. 毛细血管壁的构成成分包括(　　)

A. 内皮细胞　　B. 基膜

C. 周细胞　　D. 结缔组织

E. 平滑肌纤维

12. 下列关于毛细血管的描述，正确的是(　　)

A. 是管径最细的血管

B. 在体内分布最广

C. 在各器官内的疏密程度大致相同

D. 是血液与组织细胞间进行物质交互的主要部位

E. 由内皮和基膜组成

13. 下列关于连续毛细血管的描述，正确的是(　　)

A. 内皮细胞间连接紧密

B. 基膜完整

C. 内皮细胞胞质内有大量的吞饮小泡

D. 参与血-脑屏障的形成

E. 周细胞较少

14. 连续毛细血管分布于(　　)

A. 脑和脊髓　　B. 胃肠黏膜

C. 肺　　D. 肌组织

E. 脾

15. 下列关于血窦的结构特点描述正确的是(　　)

A. 腔大壁薄　　B. 形状不规则

C. 内皮细胞间有较大间隙　　D. 基膜可为不连续的

E. 内皮细胞内吞饮小泡多

16. 血窦存在于(　　)

A. 肝　　B. 脾

C. 骨髓　　D. 某些内分泌腺

E. 脑

五、问答题

1. 简述心壁的组织结构。
2. 试述心脏传导系统的细胞组成、分布和功能意义。
3. 联系功能比较大动脉、中动脉、小动脉和微动脉管壁结构的异同。
4. 试述毛细血管的分类及其结构和功能特点。

参考答案

一、名词解释

1. 心房特殊颗粒：有些心肌纤维内含电子密度较高的特殊颗粒，颗粒内含心钠素，有膜包裹，主要存在于心房肌，故称心房特殊颗粒。

2. 心骨骼：在心房与心室交界处，有构成心脏支架的结构称心骨骼。

3. 肌性动脉：中动脉因管壁内富含平滑肌，故又称肌性动脉。

4. W－P小体：又称细管小体，是血管内皮细胞特有的细胞器，功能是合成和储存凝血因子Ⅷ 相关抗原。

5. 微循环：指微动脉到微静脉之间的血液循环，是血液循环的基本功能单位。

6. 微动脉：是小动脉的分支，其管壁中平滑肌的收缩活动起着调节微循环“总闸门”的作用。

7. 直捷通路：是后微动脉与微静脉直接相通的距离最短的毛细血管。

8. 毛细血管后微静脉：微静脉由毛细血管汇合而成，紧接毛细血管的微静脉称为毛细血管后微静脉，其管壁与毛细血管相似，但管径略粗，内皮细胞间隙较大，故通透性亦较大，也有物质交换功能。

二、填空题

1. 心脏；动脉；毛细血管；静脉　2. 心内膜；心肌膜；心外膜　3. 起

搏；移行；浦肯野 4. 内皮；基膜 5. 毛细淋巴管；淋巴管；淋巴导管；淋巴；静脉 6. 内膜；中膜；外膜 7. 小动脉；微动脉 8. 内弹性膜 9. 毛细血管后微静脉 10. 连续毛细血管；有孔毛细血管；窦状毛细血管（血窦）

三、单项选择题

1. B 2. C 3. C 4. A 5. D 6. A 7. D 8. C 9. C 10. D 11. C 12. E 13. A 14. C 15. A 16. B 17. B 18. B 19. C 20. E 21. C 22. D 23. D 24. D 25. B

四、多项选择题

1. ABCDE 2. BDE 3. ACE 4. ABD 5. ABCDE 6. ABCDE 7. ADE 8. ABD 9. BCDE 10. BCDE 11. ABC 12. ABDE 13. ABCD 14. ACD 15. ABCD 16. ABCD

五、问答题

1. 简述心壁的组织结构。

【参考答案】心壁由心内膜、心肌膜和心外膜三层构成。

心内膜由内向外分为三层：①心内皮为单层扁平上皮，与血管内皮相连。②内皮下层为薄层疏松结缔组织，在近室间隔处含有少许平滑肌。③心内膜下层为疏松结缔组织，与心肌膜相连，含有血管和神经，在心室处还含浦肯野纤维。

心肌膜主要由心肌纤维构成。心肌纤维呈螺旋状排列，大致分为内纵肌、中环肌和外斜肌三层。

心外膜属心包膜的脏层，为浆膜，表面是间皮，间皮下是薄层结缔组织，内含血管、神经和脂肪组织。

2. 试述心脏传导系统的细胞组成、分布和功能意义。

【参考答案】心脏传导系统由起搏细胞、移行细胞和浦肯野细胞三种细胞组成。①起搏细胞，简称 P 细胞，主要分布于窦房结，房室结也有少量。该细胞是心肌兴奋的起搏点，使心脏产生自动节律性收缩。②移行细胞，主要分布于窦房结和房室结的周边以及房室束，起传导冲动的作用。③浦肯野细胞，又称束细胞，组成房室束及其分支。房室束分支末端的浦肯野纤维与普通心肌纤维相连，将冲动快速传到心室各部。

3. 联系功能比较大动脉、中动脉、小动脉和微动脉管壁结构的异同。

【参考答案】(1) 大动脉管壁结构特点。①内皮下层较明显，其中含有胶原纤维、弹性纤维和少量平滑肌纤维。②内弹性膜与中膜的弹性膜相连，故内膜与中膜的界限不清晰。③中膜较厚，有数十层环形弹性膜，弹性膜之间由弹性纤维相连，还有少量环行平滑肌纤维、胶原纤维以及含硫酸软骨素的异染性基质。④外膜较中膜薄，由结缔组织构成，其中大部分是胶原纤维，还有少量弹性纤维。没有明显的外弹性膜，故中膜与外膜的分界也不明显。

（2）中动脉管壁结构特点。①内皮下层较薄。②内、外弹性膜明显，三层膜的界限清楚。③中膜较厚，主要有数十层环行平滑肌纤维组成，肌纤维间夹有少许弹性纤维和胶原纤维。④外膜厚度与中膜相近，由疏松结缔组织构成。

（3）小动脉管壁结构特点。①内膜较薄，但有明显的内弹性膜。②中膜较薄，只有几层平滑肌。③外膜厚度与中膜相近，一般无外弹性膜。

（4）微动脉管壁结构特点。①内膜、中膜和外膜均较薄。②无内、外弹性膜。③中膜只有1～2层平滑肌。

4. 试述毛细血管的分类及其结构和功能特点。

【参考答案】毛细血管壁主要由内皮和基膜组成。在内皮细胞外有一种扁而有突起的细胞，称周细胞。其主要功能是参与血管收缩；在毛细血管损伤时，分化为内皮细胞。根据毛细血管超微结构特点的不同，将其分为三种类型。①连续毛细血管，其内皮细胞相互连续，细胞间有紧密连接，胞质中有大量的吞饮小泡，基膜完整。主要通过内皮细胞吞饮小泡来完成血液与组织液间的物质交换。分布于结缔组织、肌组织、中枢神经系统、胸腺和肺等处。②有孔毛细血管，其内皮细胞不含核部分极薄，有许多贯穿胞质的内皮窗孔，一般有隔膜封闭，这些窗孔易化了血管内外中、小分子的交换。有连续的基膜。分布于胃肠黏膜、某些内分泌腺和肾血管球等处。③血窦，或称窦状毛细血管，血管腔较大，形状不规则，内皮细胞间隙较大，基膜不连续或缺失，易化了大分子物质或血细胞出入血液。主要分布于肝、脾、骨髓和某些内分泌腺中。

第九章 被皮系统

一、名词解释

1. 皮脂腺 2. 竖毛肌 3. 毛球 4. 角质层 5. 梅克尔细胞 6. 黑素小体

二、填空题

1. 皮肤的厚薄虽有差异，但其组织结构基本相似，由（ ）、（ ）和（ ）组成。

2. 构成表皮的细胞可分为两大类：一类为（ ）细胞，排列成多层，是组成表皮的主要细胞成分，另一类为（ ）细胞，数量较少，散在于前者之间。

3. 哺乳动物表皮由深层到浅层可分为（ ）层、（ ）层、（ ）层、（ ）层和（ ）层。

4. 毛的颜色主要取决于（ ）的含量和种类，棕色和黑色毛含有（ ），红色毛含有（ ），灰色和白色的毛皮，毛球中（ ）少。

5. 犬和猫的鼻镜由厚的角化表皮构成，表皮表面形成的清晰隆凸和沟构成与指纹相似的（ ），是进行检验鉴定的基础。

6. 临床上皮内注射是把药物注入皮肤的（ ）层，皮下注射是把药物注入皮肤的（ ）。

7. 皮下组织中（ ）的多少是动物营养水平的标志。

8. 趾枕的特征在于其皮下组织内有大量的（ ）蓄积，起减震器的作用。

9. （ ）是毛和毛囊的生长点，（ ）对毛的生长点起营养和诱导作用。

10. 麝香是雄麝特有的（ ）的分泌物。

11. 乳腺由（ ）、（ ）和（ ）构成。

12. 乳腺每一腺叶都由（ ）和（ ）组成，后者包括（ ）、（ ）、（ ）、（ ）和（ ）。

三、单项选择题

1. 表皮中由数层多边形细胞构成的细胞层是（ ）

A. 基底层　　B. 棘细胞层
C. 颗粒层　　D. 透明层
E. 角质层

2. 表皮中有2～4层梭形细胞组成的细胞层是(　　)
A. 基底层　　B. 棘细胞层
C. 颗粒层　　D. 透明层
E. 角质层

3. 黑素细胞位于表皮的(　　)
A. 基底层　　B. 棘细胞层
C. 颗粒层　　D. 透明层
E. 角质层

4. 朗格汉斯细胞主要散在于表皮的(　　)
A. 基底层　　B. 棘细胞层
C. 颗粒层　　D. 透明层
E. 角质层

5. 细胞胞质中含有伯贝克氏颗粒的细胞是(　　)
A. 黑素细胞　　B. 朗格汉斯细胞
C. 梅克尔细胞　　D. 棘细胞
E. 梭形细胞

6. 下列哪种细胞能够捕获和处理侵入皮肤的抗原，参与免疫应答(　　)
A. 黑素细胞　　B. 朗格汉斯细胞
C. 梅克尔细胞　　D. 棘细胞
E. 梭形细胞

7. 毛和毛囊的生长点是(　　)
A. 毛干　　B. 毛根
C. 毛球　　D. 毛乳头
E. 毛小皮

8. 以下不属于皮肤衍生物的是(　　)
A. 汗腺　　B. 皮脂腺
C. 乳腺　　D. 指甲
E. 环层小体

四、多项选择题

1. 下列关于皮肤的功能，描述正确的有(　　)
A. 能够感受外界　　B. 参与体温调节

C. 具有分泌、排泄功能　　D. 有吸收功能
E. 是动物机体的保护屏障，可以阻止病原微生物的侵入

2. 属于角质形成细胞的有(　　)
A. 基底层细胞　　B. 颗粒层细胞
C. 透明层细胞　　D. 黑色细胞
E. 朗格汉斯细胞

3. 下列关于黑素细胞，描述正确的有(　　)
A. 黑素细胞在 HE 切片上呈黑色
B. 胞质中形成黑素小体
C. 皮肤和毛的颜色取决于黑素细胞中色素颗粒的含量和种类
D. 黑素细胞的数量决定皮肤和毛的颜色
E. 黑素细胞能使周围的角质细胞也含有黑色素颗粒

4. 下列关于皮下组织，描述正确的有(　　)
A. 是一层疏松结缔组织
B. 因富含血管，临床上常选该部位进行皮下注射
C. 皮下脂肪的多少是动物营养的标志
D. 此层胶原纤维排列疏松
E. 此层有毛囊、汗腺、皮脂腺分布

5. 下列关于竖毛肌，描述正确的有(　　)
A. 由平滑肌纤维束组成
B. 受交感神经支配
C. 收缩时可挤压汗腺、皮脂腺的分泌
D. 犬的竖毛肌较为发达
E. 收缩时毛发竖立，是动物恐惧和准备攻击时的行为表现

五、问答题

1. 结合真皮与皮下组织的结构分析皮内注射和皮下注射有何不同?
2. 简述乳腺的组织结构，比较泌乳期乳腺与静止期乳腺结构上的异同。

参考答案

一、名词解释

1. 皮脂腺：分支泡状腺，呈囊泡状，位于真皮，开口于毛囊和皮肤表面，皮脂腺能够分泌皮脂，润滑皮肤和被毛。

2. 竖毛肌：由平滑肌细胞束组成，起于毛囊中部的结缔组织鞘，斜向上

行，止于真皮乳头层，受交感神经支配，收缩时毛发竖立，挤压汗腺和皮脂腺分泌，是动物恐惧和准备攻击时的行为表现。

3. 毛球：毛根和毛囊下端合为一体、膨大形成毛球，是毛和毛囊的生长点，由上皮性的毛母质细胞和黑素细胞组成。

4. 角质层：在表皮最浅层，由多达数十层扁平的角质细胞叠积而成，是完全角化的死亡细胞。无细胞核，胞质中充满角质蛋白，靠近表层的角质细胞连接松散，细胞间桥粒解体，随后呈鳞片状脱落。

5. 梅克尔细胞：是一种具有短指状突起的细胞，数目很少，胞质色浅，核分叶，散在于毛囊附近的基底细胞之间，与传入神经终末形成突触，能感受触觉和其他机械刺激。

6. 黑素小体：黑素细胞胞质中的椭圆形小体，由高尔基体形成，有单位膜包裹，内含酪氨酸酶，能将酪氨酸转化成黑色素。

二、填空题

1. 表皮；真皮；皮下组织　2. 角质形成细胞；非角质形成细胞　3. 基底层；棘细胞层；颗粒层；透明层；角质层　4. 黑素细胞；正黑素体；淡黑素体；黑素细胞　5. 鼻纹　6. 真皮；皮下组织　7. 脂肪　8. 脂肪　9. 毛球；毛乳头　10. 麝香腺囊　11. 被膜；间质；腺实质　12. 分泌部；导管部；小叶内导管；小叶间导管；输乳管；乳池；乳头管

三、单项选择题

1. B　2. C　3. A　4. B　5. B　6. B　7. C　8. E

四、多项选择题

1. ABCDE　2. ABC　3. BCE　4. ABCDE　5. ABCDE

五、问答题

1. 结合真皮与皮下组织的结构分析皮内注射和皮下注射有何不同?

【参考答案】皮肤由外到内分为表皮层、真皮层和皮下组织。真皮位于表皮深层，是皮肤最厚也是最主要的一层，由致密结缔组织构成，其中含有丰富的血管、淋巴管、神经、汗腺、皮脂腺、毛囊等结构，临床作皮内注射，就是把药物注入真皮内。皮下注射时药物位于皮下，即穿过真皮层注射于第三层皮下组织内。皮下组织是一层疏松结缔组织，把真皮牢固地连于其下面的肌肉或骨骼上。皮下组织是真皮网状层的延续，此层柔韧疏松，又富含血管，故在临床上是皮下注射的适合部位。

2. 简述乳腺的组织结构，比较泌乳期乳腺与静止期乳腺结构上的异同。

【参考答案】乳腺为复管泡状腺，由被膜、间质和腺实质构成。被膜的结缔组织伸入实质内，将其分为许多小叶，小叶之间为富有血管、淋巴管和神经纤维的疏松结缔组织构成的间质。每一腺叶由分泌部和导管部组成。分泌部呈泡状和管状，腺泡衬以单层立方上皮，在泌乳周期的不同阶段，上皮的高度有显著的变化。导管部包括小叶内导管、小叶间导管、输乳管、乳池和乳头管。泌乳期乳腺发育达到顶峰，此时腺泡发达，间质少，大量泌乳。与泌乳期乳腺结构相比，静止期乳腺的腺小叶内主要为腺导管，腺泡数量很少，腺上皮细胞处于静止状态，腺间结缔组织发达。

第十章　免疫系统

一、名词解释

1. 免疫细胞　2. 抗原呈递细胞　3. 单核吞噬细胞系统　4. 免疫组织　5. 生发中心　6. 血-胸腺屏障　7. 脾小结　8. 副皮质区

二、填空题

1. 免疫系统由（　　　　）、（　　　　　）和（　　　　　）组成。

2. 淋巴组织根据其形态，一般可分为（　　　　　）和（　　　　　）两种。

3. 淋巴结皮质主要由（　　　　　）、（　　　　　）和（　　　　　）构成。

4. 淋巴细胞具有（　　　　）、（　　　　　）和（　　　　　）三个重要特征。

5. 根据发育部位、形态结构、表面标志和免疫功能的不同，一般将淋巴细胞分为（　　　　）、（　　　　）、（　　　　　）和（　　　　　）四种。

6. 通过淋巴细胞直接杀伤异物的免疫方式称为（　　　　　）。

7. B细胞受到抗原刺激后增殖分化为（　　　）细胞，分泌（　　　）进入组织液，这种通过抗体介导的免疫方式称为（　　　）。

8. 淋巴细胞穿越血管壁的重要部位是（　　　　　　）。

9. 发育完善的淋巴小结在其中央有一淡染的区域称为（　　　　）。

10. 法氏囊黏膜固有层有许多淋巴小结样结构称为（　　　　　）。

11. 淋巴结一侧有一凹陷称（　　　），是血管、神经和输出淋巴管通过的地方。淋巴结的实质分为周围的（　　　）和中央的（　　　）两部分。

12. 脾内免疫细胞捕获、识别、处理抗原和诱发免疫应答的重要部位是（　　　）。

13. 白髓包括（　　　）和（　　　　）两部分。

14. 红髓由（　　　）和（　　　　）组成。

15. 脾实质由（　　　）、（　　　）和（　　　）组成。

三、单项选择题

1. 下列哪种细胞是专司抗原呈递功能（　　）

A. 中性粒细胞　　B. 朗格汉斯细胞
C. 浆细胞　　D. 网状细胞
E. 嗜酸性粒细胞

2. 合成和分泌免疫球蛋白的细胞是(　　)
A. 巨噬细胞　　B. 浆细胞
C. 肥大细胞　　D. 嗜碱性粒细胞
E. 嗜酸性粒细胞

3. 下列不属于单核吞噬细胞系统的是(　　)
A. 尘细胞　　B. 巨噬细胞
C. 肝血窦的内皮细胞　　D. 神经系统的小胶质细胞
E. 破骨细胞

4. 下列关于淋巴组织的描述，错误的是(　　)
A. 以网状组织为支架
B. 网眼内有少量造血干细胞及各级造血细胞
C. 网眼内有大量淋巴细胞
D. 可见网状细胞和巨噬细胞
E. 分弥散淋巴组织、淋巴小结两种类型

5. 下列关于中枢淋巴器官的描述，正确的是(　　)
A. 较周围淋巴器官发生晚　　B. 包括淋巴结和脾
C. 主要进行免疫应答　　D. 淋巴细胞的增殖分化不需抗原刺激
E. 无抗原刺激时这些淋巴器官较小，受抗原刺激后迅速增大

6. 下列关于胸腺的描述错误的是(　　)
A. 是培育 T 细胞的中枢淋巴器官
B. 皮质内密集分布有胸腺细胞
C. 胸腺细胞增殖分化成 T 细胞
D. 胸腺小体仅分布于髓质
E. 胸腺小体由胸腺细胞呈同心圆排列而形成

7. 胸腺小体位于胸腺(　　)
A. 皮质和髓质　　B. 髓质
C. 皮质　　D. 皮质与髓质交界处
E. 小叶间隔内

8. 关于胸腺上皮细胞的功能，下列描述错误的是(　　)
A. 形成网状纤维　　B. 参与形成胸腺小体
C. 分泌激素　　D. 构成支架
E. 诱导胸腺细胞发育分化

9. 血-胸腺屏障的血管周隙内常有(　　)
   A. 胸腺细胞　　B. 成纤维细胞
   C. 巨噬细胞　　D. 白细胞
   E. 淋巴细胞
10. 下列关于B淋巴细胞的描述，正确的是(　　)
   A. 在胸腺内发育　　B. 可区分出三大不同功能的亚群
   C. 参与细胞免疫　　D. 参与体液免疫
   E. 分布在淋巴结皮质的副皮质区等
11. 哺乳类动物产生B细胞的免疫器官是(　　)
   A. 胸腺　　B. 骨髓
   C. 法氏囊　　D. 淋巴结
   E. 脾
12. 关于法氏囊，下列描述错误的是(　　)
   A. 为禽类所特有　　B. 结构与消化道相似
   C. 黏膜下层有许多法氏囊小结　　D. 是产生B细胞的场所
   E. 与囊小结相连的上皮能够摄取和转运抗原
13. 下列哪项不是淋巴结皮质的结构(　　)
   A. 淋巴小结　　B. 动脉周围淋巴鞘
   C. 副皮质区　　D. 皮窦
   E. 小梁
14. 淋巴小结内数量最多的细胞是(　　)
   A. B细胞　　B. T细胞
   C. 巨噬细胞　　D. 滤泡树突细胞
   E. 网状细胞
15. 淋巴结副皮质区主要含有(　　)
   A. B细胞　　B. T细胞
   C. 巨噬细胞　　D. 滤泡树突细胞
   E. 交错突细胞
16. 淋巴结内毛细血管后微静脉主要分布于(　　)
   A. 浅层皮质　　B. 深层皮质
   C. 淋巴小结　　D. 皮质和髓质交界处
   E. 髓质
17. 关于副皮质区，下列描述错误的是(　　)
   A. 为弥散淋巴组织　　B. 位于淋巴小结和髓质之间
   C. 含有毛细血管后微静脉　　D. 是B细胞聚集处

E. 细胞免疫功能活跃时，此区明显扩大

18. 淋巴结内的胸腺依赖区是(　　)

A. 淋巴小结生发中心　　B. 动脉周围淋巴鞘
C. 淋巴小结　　D. 副皮质区
E. 小结帽

19. 组成脾白髓的结构是(　　)

A. 脾索和淋巴小结　　B. 脾索和脾血窦
C. 血窦和边缘窦　　D. 脾血窦和动脉周围淋巴鞘
E. 动脉周围淋巴鞘和脾小结

20. 关于脾小结，下列描述错误的是(　　)

A. 位于中央动脉周围淋巴鞘一侧
B. 主要由 B 细胞构成
C. 可见生发中心和小结帽
D. 有中央动脉分支穿过
E. 健康动物脾小结数量多

21. 关于脾脏的结构特点，下列描述错误的是(　　)

A. 内含大量巨噬细胞，有滤血作用
B. 是动物机体主要造血器官
C. 实质分为白髓、红髓和边缘区
D. T 细胞主要位于动脉周围淋巴鞘
E. 脾索内富含血细胞

22. 关于脾的功能，下列描述错误的是(　　)

A. 清除血液中的病原体　　B. 清除衰老的血细胞
C. 在体液免疫中有重要地位　　D. 脾血窦有一定的储血功能
E. 无造血干细胞，故无造血功能

23. 脾滤血的主要部位是(　　)

A. 脾索和边缘区　　B. 脾小体和脾血窦
C. 红髓　　D. 动脉周围淋巴鞘和脾小体
E. 边缘区和动脉周围淋巴鞘

24. 下列不属于扁桃体特点的是(　　)

A. 表面被覆复层扁平上皮，并向固有层凹陷形成隐窝
B. 上皮深面、隐窝周围和被膜结缔组织内均含大量淋巴小结
C. 淋巴小结的生发中心比较明显
D. 弥散淋巴组织内可见毛细血管后微静脉
E. 是最易接受抗原刺激的免疫器官

四、多项选择题

1. 抗原呈递细胞有(　　)
   A. 巨噬细胞　　B. 小胶质细胞
   C. B 细胞　　D. 交错突细胞
   E. 朗格汉斯细胞
2. B 细胞发育分化成熟的场所有(　　)
   A. 胸腺　　B. 骨髓
   C. 法氏囊　　D. 淋巴结
   E. 脾
3. T 细胞的特点是(　　)
   A. 在骨髓内受抗原的刺激而增殖分化
   B. 外周血中的 T 细胞很少
   C. 在淋巴结内，主要分布于副皮质区
   D. 在脾内，主要分布于动脉周围淋巴鞘
   E. 具有骨髓依赖性
4. 胸腺的结构与功能包括(　　)
   A. 胸腺上皮细胞分泌胸腺生成素
   B. 皮质内的胸腺细胞比髓质内密集
   C. 髓质内无成熟的胸腺细胞
   D. 胸腺细胞有 95%被选择性灭活
   E. 老龄动物胸腺发育完全
5. 下列哪些器官含有淋巴小结(　　)
   A. 脾　　B. 扁桃体
   C. 淋巴结　　D. 胸腺
   E. 回肠
6. 脾的功能包括(　　)
   A. 清除衰老的血细胞　　B. 免疫应答
   C. 产生浆细胞　　D. 淋巴性造血干细胞分化发育
   E. 机体严重缺血时可造血
7. 脾血窦的特征是(　　)
   A. 内皮细胞呈长杆状　　B. 内皮细胞有较多窗孔
   C. 内皮细胞之间有间隙　　D. 内皮外侧巨噬细胞较多
   E. 内皮外有完整的基膜
8. 血液内淋巴细胞进入淋巴组织的通道是(　　)

A. 脾血窦
B. 淋巴结的毛细血管后微静脉
C. 脾的边缘窦
D. 胸腺小体
E. 小梁周窦

9. 脾白髓含有(　　)
A. 淋巴小结
B. 边缘窦
C. 弥散淋巴组织
D. 脾索
E. 小梁

10. 淋巴结的功能包括(　　)
A. 清除淋巴中的抗原物质
B. 免疫应答
C. 培育处女型淋巴细胞
D. 产生效应淋巴细胞
E. 产生抗体

五、问答题

1. 什么是血-胸腺屏障?有哪些组成部分?该屏障有什么生理意义?
2. 试述单核吞噬细胞系统的组成和功能特点。
3. 试述淋巴细胞再循环的途径和意义。
4. 在细胞免疫应答和体液免疫应答过程中,淋巴结和脾的结构各发生什么变化?

参考答案

一、名词解释

1. 免疫细胞:指参加免疫应答或与免疫应答有关的细胞。主要指淋巴细胞、浆细胞和抗原呈递细胞。

2. 抗原呈递细胞:指参与免疫应答,能捕获、加工、处理抗原,并将抗原呈递给淋巴细胞的一类免疫细胞。

3. 单核吞噬细胞系统:在免疫系统中有一类细胞,虽然其名称不同、形态各异、分布于多种器官和组织中,但它们具有共同的祖先,即均来源于单核细胞,并且具有活跃的吞噬功能,这类细胞归纳在一起,称单核吞噬细胞系统。

4. 免疫组织:是一种以网状组织为支架,网眼内填充有大量淋巴细胞和一些其他免疫细胞的特殊组织。

5. 生发中心:发育完善的淋巴小结,在其中央有一淡染的区域称为生发中心。

6. 血-胸腺屏障:胸腺内存在阻止大分子物质进入胸腺内的屏障结构。

7. 脾小结：即淋巴小结，位于中央动脉周围淋巴鞘的一侧，主要由 B 细胞构成，发育良好者也可呈现生发中心和小结帽。

8. 副皮质区：指淋巴结的深层皮质，位于皮质深部，为厚层弥撒淋巴组织，主要含 T 细胞，属胸腺依赖区。

二、填空题

1. 免疫细胞；免疫组织；免疫器官 2. 弥散淋巴组织；淋巴小结 3. 浅层皮质；深层皮质；皮质淋巴窦 4. 特异性；转化性；记忆性 5. 胸腺依赖淋巴细胞；骨髓依赖淋巴细胞；杀伤淋巴细胞；自然杀伤淋巴细胞 6. 细胞免疫 7. 浆；抗体；体液免疫 8. 毛细血管后微静脉 9. 生发中心 10. 法氏囊小结 11. 门部；皮质；髓质 12. 边缘区 13. 脾小结；动脉周围淋巴鞘 14. 脾索；脾血窦 15. 白髓；边缘区；红髓

三、单项选择题

1. B 2. B 3. C 4. B 5. D 6. E 7. B 8. A 9. C 10. D 11. B 12. C 13. B 14. A 15. B 16. B 17. D 18. D 19. E 20. E 21. B 22. E 23. A 24. B

四、多项选择题

1. ABDE 2. BC 3. CD 4. ABD 5. ABCE 6. ABCE 7. ACD 8. ABC 9. AC 10. ABDE

五、问答题

1. 什么是血-胸腺屏障？有哪些组成部分？该屏障有什么生理意义？

【参考答案】血-胸腺屏障是指：胸腺皮质内的毛细血管及其周围结构具有屏障作用，能够阻止大分子抗原物质和某些药物进入胸腺内，这种结构称血-胸腺屏障。血-胸腺屏障由下列几层结构组成：①连续毛细血管，其内皮细胞间有紧密连接；②血管内皮外完整的基膜；③血管周隙，内含巨噬细胞；④胸腺上皮细胞的基膜；⑤一层连续的胸腺上皮细胞。生理意义：血-胸腺屏障对于维持胸腺内环境的稳定、保证胸腺细胞的正常发育分化起着极其重要的作用。

2. 试述单核吞噬细胞系统的组成和功能特点。

【参考答案】在免疫系统中有一类细胞，虽然其名称不同、形态各异、分布于多种器官和组织中，但它们具有共同的祖先，即均来源于单核细胞，并且具有活跃的吞噬功能，这类细胞归纳在一起，称单核吞噬细胞系统。单核吞噬细胞系统的成员，包括骨髓中的单核定向干细胞、原单核细胞、幼单核细胞，血液中的单核细胞和多种器官内的巨噬细胞。巨噬细胞包括结缔组织的巨噬细胞（组织细胞）、肝的枯否细胞、肺的尘细胞、神经组织的小胶质细胞、骨组织的破骨细胞、表皮的朗格汉斯细胞、淋巴组织和淋巴器官的巨噬细胞和交错突细胞、胸膜腔和腹膜腔内的巨噬细胞等。单核吞噬细胞系统是体内一个非常重要的防御系统。其功能是：①吞噬和杀伤病原微生物、识别和清除体内衰老损伤的自身细胞；②杀伤肿瘤细胞和受病毒感染的细胞；③摄取、加工、处理呈递抗原给淋巴细胞，继发免疫应答；④分泌作用，巨噬细胞能分泌 50 多种生物活性物质，如补体、白细胞介素Ⅱ、干扰素、凝血因子、肿瘤生长抑制因子等。

3. 试述淋巴细胞再循环的途径和意义。

【参考答案】周围淋巴器官和淋巴组织内的淋巴细胞可经淋巴管进入血液循环于全身，它们又可通过毛细血管后微静脉再回到淋巴器官或淋巴组织内，如此周而复始，使淋巴细胞从一个地方到另一个地方，这种现象称为淋巴细胞再循环。淋巴细胞再循环有利于识别抗原和迅速传递信息，使分散各处的淋巴细胞成为一个相互关联的有机整体，使功能相关的淋巴细胞共同进行免疫应答。

4. 在细胞免疫应答和体液免疫应答过程中，淋巴结和脾的结构各发生什么变化？

【参考答案】细胞免疫应答和体液免疫应答常同时发生。当抗原进入机体后，抗原呈递细胞可捕获和处理抗原，同时迁移至周围淋巴器官，并将抗原呈递给具有相应抗原受体的辅助性 T 细胞，后者激发细胞毒性 T 细胞活化、增殖，引起淋巴结副皮质区和脾动脉周围淋巴鞘的增厚和扩大，效应 T 细胞输出增多，引发细胞免疫。B 细胞在辅助性 T 细胞的作用下，在淋巴结浅层皮质和脾白髓中增殖分化，使该部位淋巴小结增多增大，淋巴结髓索和脾索中浆细胞增多，产生大量的抗体进入淋巴或血液，属体液免疫。

第十一章　内分泌系统

一、名词解释

1. 内分泌　2. 甲状腺滤泡　3. 赫令小体　4. 丘脑下部-垂体门脉系统
5. APUD 细胞系统

二、填空题

1. 受特定激素作用的器官和细胞称为（　　　　　　）。
2. 甲状腺的结构和功能单位是（　　　　　　）。
3. 滤泡上皮细胞和胶体形态与（　　　）的活动状态有关。
4. 滤泡上皮细胞在（　　　　）激素的作用下，将碘化甲状腺球蛋白重新吸收吞噬入胞。
5. 缺乏甲状腺素对于幼龄动物导致（　　　），对于成年动物引起（　　　）。
6. 滤泡旁细胞内有直径约为 200 nm 的分泌颗粒，颗粒内含（　　　　）。
7. 甲状旁腺中主要的细胞是（　　　　　），它能分泌（　　　　）。
8. 肾上腺皮质从外向内依次可分为（　　　　）、（　　　　）和（　　　　）三部分。
9. 肾上腺髓质细胞又称（　　　）细胞，包括（　　　）细胞和（　　　　）细胞。
10. 促肾上腺皮质激素细胞可分泌（　　　　　）和（　　　　　　）。

三、单项选择题

1. 关于内分泌腺的描述，下列说法错误的是（　　）
   A. 所有的内分泌细胞都存在于内分泌腺
   B. 腺细胞排列成索状、团状或围成滤泡
   C. 腺细胞之间有丰富的毛细血管
   D. 内分泌腺细胞的分泌物称为激素
   E. 激素作用的细胞称靶细胞
2. 关于甲状腺的结构特征，下列描述错误的是（　　）
   A. 滤泡上皮为单层立方上皮　B. 上皮细胞界限清楚，细胞核呈圆形
   C. 上皮围成滤泡状结构　D. 滤泡内含嗜酸性胶体

E. 上皮的高低与功能状态无关

3. 关于甲状腺素的形成，下列说法错误的是(　　)

A. 滤泡上皮细胞从血液摄取氨基酸

B. 在粗面内质网和高尔基复合体合成加工

C. 上皮细胞摄入碘离子使之活化后在上皮细胞内与甲状腺球蛋白结合

D. 需要促甲状腺素的参与

E. 碘化甲状腺球蛋白在溶酶体作用下分解为甲状腺素

4. 甲状腺激素的贮存形式是(　　)

A. 甲状腺球蛋白　　B. 甲状腺球蛋白前体

C. T_3 和 T_4　　D. 碘化的甲状腺球蛋白

E. 胶质小泡

5. 下列关于甲状腺滤泡旁细胞的描述，正确的是(　　)

A. 不参与滤泡的形成　　B. 分泌生长激素

C. 分泌甲状旁腺素　　D. HE 染色胞质着色较浅

E. 促进破骨细胞溶骨

6. 分泌降钙素的细胞是(　　)

A. 滤泡上皮细胞　　B. 滤泡旁细胞

C. 甲状旁腺主细胞　　D. 甲状旁腺嗜酸性细胞

E. 破骨细胞

7. 分泌甲状旁腺激素的细胞是(　　)

A. 主细胞　　B. 嗜碱性细胞

C. 滤泡旁细胞　　D. 嗜酸性细胞

E. 旁分泌细胞

8. 下列关于肾上腺皮质束状带的描述，正确的是(　　)

A. 位于皮质最内层　　B. 分泌糖皮质激素

C. 腺细胞呈嗜酸性　　D. 腺细胞排列成网状

E. 分泌盐皮质激素

9. 下列关于肾上腺髓质的描述，错误的是(　　)

A. 主要由嗜铬细胞组成

B. 分泌肾上腺素和去甲肾上腺素

C. 肾上腺髓质与交感神经节细胞在功能上有很大不同

D. 肾上腺素细胞多于去甲肾上腺素细胞

E. 切除髓质后动物仍能生存

10. 肾上腺中分泌性激素的细胞位于(　　)

A. 皮质网状带　　B. 皮质束状带

C. 皮质球状带　　D. 髓质
E. 临近中央静脉区域

11. 含有大量脂滴的细胞位于肾上腺的(　　)
A. 多形带　　B. 网状带
C. 束状带　　D. 髓质
E. 靠近中央静脉区域

12. 能够分泌醛固酮的是(　　)
A. 多形带　　B. 网状带
C. 束状带　　D. 髓质
E. 靠近中央静脉区域

13. 细胞质内含有嗜铬颗粒的细胞是(　　)
A. 肾上腺皮质细胞　　B. 促肾上腺皮质激素细胞
C. 肾上腺髓质细胞　　D. 交感神经节细胞
E. 颗粒细胞

14. 分泌促肾上腺皮质激素的细胞是(　　)
A. 肾上腺球状带细胞　　B. 肾上腺束状带细胞
C. 垂体远侧部嗜碱性细胞　　D. 垂体远侧部嗜酸性细胞
E. 肾上腺网状带细胞

15. 腺垂体分为(　　)
A. 垂体前叶和垂体后叶　　B. 远侧部、结节部和中间部
C. 垂体前叶和漏斗部　　D. 远侧部、中间部和漏斗
E. 垂体前叶、中间部和正中隆起

16. 腺垂体远侧部嗜酸性细胞分泌(　　)
A. 生长激素和缩宫素　　B. 生长激素和催乳素
C. 生长激素和促性腺激素　　D. 生长激素和促甲状腺激素
E. 生长激素和促肾上腺皮质激素

17. 腺垂体的嗜碱性细胞分泌(　　)
A. 生长激素、促甲状腺激素和促肾上腺皮质激素
B. 催乳激素、促肾上腺皮质激素和促甲状腺激素
C. 促甲状腺激素、促肾上腺皮质激素、促卵泡激素和黄体生成素
D. 缩宫素、促甲状腺激素和生长激素
E. 催乳激素、促卵泡激素和黄体生成素

18. 腺垂体远侧部的分泌功能受下列哪些激素的调节(　　)
A. 下丘脑促垂体区分泌的激素
B. 下丘脑视上核分泌的激素

C. 结节部分泌的激素
D. 下丘脑室旁核分泌的激素
E. 中间部分泌的激素

19. 血管升压素和缩宫素合成于( )
A. 远侧部 B. 垂体神经部
C. 下丘脑视上核和室旁核 D. 下丘脑弓状核
E. 正中隆起

20. 下列关于赫令小体的描述，正确的是( )
A. 是视上核和室旁核细胞的分泌颗粒聚集形成的团块
B. 是垂体细胞的分泌物形成的团块
C. 是结缔组织钙化形成的团块
D. 见于垂体中间部
E. 见于垂体结节部

21. 下列哪种细胞分泌过盛可引起肢端肥大症( )
A. 远侧部嗜碱性粒细胞 B. 远侧部嗜酸性粒细胞
C. 远侧部嫌色细胞 D. 结节部嗜色细胞
E. 中间部嗜碱性粒细胞

22. 关于垂体细胞的描述，正确的是( )
A. 属于内分泌细胞 B. 属于神经元
C. 属于神经内分泌细胞 D. 属于神经胶质细胞
E. 属于神经纤维

23. 视上核分泌物转运到神经垂体的途径是( )
A. 垂体柄 B. 结节垂体束
C. 垂体门脉系统 D. 下丘脑垂体束
E. 垂体前动脉

24. 催产素从何处释放进入血液( )
A. 神经垂体 B. 腺垂体
C. 室旁核 D. 子宫
E. 卵巢

25. 神经垂体的功能是( )
A. 合成激素 B. 调节脑垂体的活动
C. 转运激素 D. 受下丘脑分泌物的调节
E. 贮存和释放下丘脑的激素

四、多项选择题

1. 关于内分泌腺的组织结构特征，下列描述正确的是( )

A. 体积小

B. 无导管

C. 腺细胞排列呈索状、团状或滤泡状

D. 有导管

E. 毛细血管内皮有孔

2. 甲状腺素是指(　　)

A. 甲状腺球蛋白　　B. 碘化的甲状腺球蛋白

C. T_4　　D. T_3

E. 滤泡内的胶质

3. 下列关于甲状腺滤泡旁细胞的描述，正确的是(　　)

A. 分泌甲状旁腺素

B. 分泌降钙素

C. 在 HE 染色切片中胞质染色浅

D. 存在于滤泡上皮细胞之间或滤泡间

E. 银染切片中可见其胞质中有棕黑色颗粒

4. 关于甲状旁腺，下列描述正确的是(　　)

A. 腺细胞有主细胞和嗜酸性粒细胞

B. 嗜酸性粒细胞功能不明

C. 腺细胞排列成滤泡状

D. 主细胞分泌甲状旁腺激素

E. 嗜酸性粒细胞个体较大，数量可随年龄增加

5. 参与调节血钙浓度的内分泌细胞有(　　)

A. 甲状腺滤泡上皮细胞　　B. 甲状腺滤泡旁细胞

C. 甲状旁腺主细胞　　D. 甲状旁腺嗜酸性粒细胞

E. 促甲状腺激素细胞

6. 肾上腺皮质的结构特点是(　　)

A. 皮质细胞具有分泌类固醇激素细胞的超微结构特点

B. 皮质有丰富的血窦

C. 由表及里分为球状带、束状带和网状带

D. 束状带最厚

E. 皮质是肾上腺的主要部分

7. 关于肾上腺多形带的结构，描述正确的是(　　)

A. 反刍动物的排列成团块状

B. 马及肉食动物的排列成弓形状

C. 猪的为不规则排列

D. 马的在多形带和束状带间还有中间带
E. 毛细血管的排列受腺细胞排列方式的影响

8. 关于肾上腺束状带的描述，正确的是（　　）
A. 束状带是皮质最厚的区域
B. 该区细胞较大，内含大量脂滴
C. 该区细胞呈条束状平行排列
D. 该区毛细血管呈条束状排列
E. 束状带细胞分泌的激素影响糖类、蛋白质、脂类代谢

9. 关于肾上腺皮质网状带的描述，正确的是（　　）
A. 腺细胞索相互吻合成网状　B. 分泌少量糖皮质激素和雌激素
C. 分泌雄激素　D. 细胞分泌活动受 ACTH 调控
E. 细胞较小，内含少量脂滴

10. 腺垂体远侧部嗜碱性细胞分泌（　　）
A. 缩宫素　B. 促甲状腺激素
C. 促卵泡激素和黄体生成素　D. 促肾上腺皮质激素
E. 催乳激素

11. 神经垂体神经部贮存和释放（　　）
A. 催乳激素　B. 缩宫素
C. 生长激素　D. 血管升压素
E. 促卵泡激素

12. 下列关于松果体的描述，正确的是（　　）
A. 由松果体细胞、神经胶质细胞和无髓神经纤维组成
B. 神经胶质细胞分布于血管及松果体细胞索之间
C. 松果体细胞可与神经纤维构成突触
D. 哺乳动物松果体分泌物参与下丘脑-垂体-性腺轴的调节
E. 禽类松果体对光敏感

五、问答题

1. 从甲状腺滤泡上皮细胞的结构，说明甲状腺素合成、储存和释放过程。
2. 简述肾上腺皮质和髓质的组织结构及功能，何谓嗜铬细胞？

参考答案

一、名词解释

1. 内分泌：指腺细胞分泌物经毛细血管进入血液循环发挥远距离的调节

作用。

2. 甲状腺滤泡：是甲状腺的基本结构和功能单位，由单层立方上皮细胞围成，细胞间界限清晰，细胞核大而圆，位于细胞中央。

3. 赫令小体：下丘脑视上核和室旁核具有分泌催产素和加压素的功能，分泌颗粒沿轴突运输到脑垂体神经部储存，在轴突沿途和终末，许多分泌颗粒常聚集成团，光镜下呈弱嗜酸性的小团块，称赫令小体。

4. 丘脑下部-垂体门脉系统：下丘脑通过体液的联系实现对腺垂体的调控，由于下丘脑与神经垂体和腺垂体的密切关系，合称丘脑下部-垂体门脉系统。

5. APUD 细胞系统：内分泌细胞除了存在于内分泌腺外，还有大量的内分泌细胞以不同形式散在于其他器官内。研究发现，这些细胞具有摄取胺前体，经过脱羧后产生胺类物质的特点，故将这些细胞统称为摄取胺前体脱羧细胞，简称 APUD 细胞系统。

二、填空题

1. 靶器官或靶细胞　2. 甲状腺滤泡　3. 滤泡　4. 促甲状腺　5. 呆小症；黏液性水肿　6 降钙素　7. 主细胞；甲状旁腺激素　8. 多形带；束状带；网状带　9. 嗜铬；肾上腺素；去甲肾上腺素　10. 促肾上腺皮质激素；促脂素

三、单项选择题

1. A　2. E　3. C　4. D　5. D　6. B　7. A　8. B　9. C　10. A　11. C　12. A　13. C　14. C　15. B　16. B　17. C　18. A　19. C　20. A　21. B　22. D　23. D　24. A　25. E

四、多项选择题

1. ABCE　2. CD　3. BCDE　4. ABDE　5. BC　6. ABCDE　7. ABCDE　8. ABCDE　9. ABCDE　10. BCD　11. BD　12. ABCDE

五、问答题

1. 从甲状腺滤泡上皮细胞的结构，说明甲状腺素合成、储存和释放过程。

【参考答案】甲状腺滤泡上皮细胞具有双向性功能活动。一方面从细胞游离端向滤泡腔分泌甲状腺球蛋白；另一方面从细胞基底端释放甲状腺激素进入血液。甲状腺滤泡上皮细胞和胶体形态与滤泡的活动状态有关，当滤泡处于休止期时，上皮细胞变矮，胶体边缘光滑。当滤泡处于活动期时，细胞变高，胶体边缘不整齐，呈空泡样，为上皮细胞重吸收胶体所致。电镜结构特征是：上皮细胞顶端有微绒毛，胞质内有发达的粗面内质网、线粒体和溶酶体。甲状腺素的合成、储存、分解、释放过程如下：①滤泡上皮细胞从血液中摄取所需氨基酸，经粗面内质网和高尔基体合成甲状腺球蛋白，排入滤泡腔内；②上皮细胞同时摄入碘离子使之活化后亦排入滤泡腔内，在微绒毛上使甲状腺球蛋白碘化而储存；③滤泡上皮细胞在腺垂体分泌的促甲状腺激素的作用下，将腔内的碘化甲状腺球蛋白重新吸收吞噬入泡；④上皮细胞内的溶酶体将其分解成甲状腺素；⑤T_4 和 T_3 经细胞基底部进入毛细血管，随血液循环而发挥作用。

2. 简述肾上腺皮质和髓质的组织结构及功能，何谓嗜铬细胞？

【参考答案】肾上腺皮质和髓质的组织结特征为：肾上腺呈三角形或半圆形，被膜为致密结缔组织，实质由皮质和髓质构成。

(1) 皮质是肾上腺的主要部分，位于腺的外周，占腺体的绝大部分。根据细胞的排列方式，皮质可分为多形带、束状带、网状带。①多形区又称球状带(反刍动物)、弓形区（马），位于被膜下，分泌盐皮质激素，如醛固酮，调节水盐平衡。②束状区细胞较大，细胞呈条束状排列，胞质中含脂滴较多，分泌糖皮质激素，该类激素可促使糖类水解及糖原合成，对蛋白质和脂类代谢也有重要的调节作用，还有降低免疫应答及抗炎的作用。③网状区位于皮质最内侧，细胞索吻合成网状，含脂褐素较多，分泌雄激素与少量的雌激素。

(2) 髓质位于肾上腺中央，髓质中心有一中央静脉，汇合皮质和髓质的血液，经肾上腺静脉离开肾上腺。髓质细胞呈团索状排列。用重铬酸钾处理后，细胞中有棕黄色的分泌颗粒，称嗜铬细胞。髓质中还有少量的交感神经节细胞，支配髓质细胞分泌激素。肾上腺素的作用为提高心肌兴奋性，增加心搏血量，使机体处于应激状态。去甲肾上腺素的作用为收缩血管，使血压升高。若切除动物髓质，则会使其丧失应激状态下的反应能力。

第十二章　消化系统

一、名词解释

1. 中央乳糜管　2. 食管腺　3. 胃小凹　4. 黏液-碳酸氢盐屏障　5. 小肠绒毛　6. 小肠腺　7. 肝板　8. 胆小管　9. 肝窦　10. 门管区　11. 门管小叶　12. 胰岛

二、填空题

1. 消化管壁的一般结构由内向外依次分为：(　　　　)、(　　　　　)、(　　　　)和(　　　　　　)。

2. 家畜黏膜上皮的类型因所在部位和功能不同而异，口腔、食管和肛门的黏膜上皮为(　　　　　)上皮，胃、肠的黏膜上皮为(　　　　　)上皮。

3. 舌乳头是黏膜上皮和固有层共同突出于舌表面所形成的一种特殊结构，包括(　　　　　)、(　　　　　)、(　　　　　)、(　　　　　)。

4. 组成味蕾的细胞有(　　　　　)、(　　　　　)和(　　　　　)。

5. 咽壁可分为(　　　　　)、(　　　　　)和(　　　　　)三层。

6. 胃的无腺部黏膜上皮属于(　　　　　)，有腺部为(　　　　　)上皮。

7. 胃底腺由(　　　)细胞、(　　　)细胞、(　　　)细胞、(　　　)细胞和(　　　)细胞组成。

8. 主细胞能够分泌(　　　)，在(　　　)的作用下被激活，转变为(　　　)。

9. 十二指肠特有的腺体是(　　　　　　)。

10. 唾液腺的导管为上皮性管道，可分为(　　　　)、(　　　　)、(　　　　)和(　　　)。

11. 家畜三对大唾液腺指的是(　　　)、(　　　)和(　　　)。

12. 肝脏形态和功能的基本结构单位是(　　　)。

13. 肝细胞具有三个面，分别为(　　　)、(　　　)和(　　　)。

14. 胆汁是肝细胞内的一种细胞器——(　　　　　)合成的。

15. 肝板与肝窦内皮之间的狭窄间隙为(　　　　)。

16. 门管区内有三种伴行的管道，分别是（　　）、（　　）和（　　）。
17. 胰腺的外分泌部由（　　）和（　　）组成，内分泌部主要为（　　）。
18. 肝窦内分布着许多巨噬细胞，被称为（　　）。

三、单项选择题

1. 关于味蕾，下列叙述正确的是（　　）
   A. 仅存在于菌状乳头和轮廓乳头
   B. 位于黏膜固有层
   C. 味细胞为感觉神经元
   D. 基细胞可分化为味觉细胞
   E. 味细胞顶端有纤毛
2. 关于舌乳头，下列叙述错误的是（　　）
   A. 丝状乳头最多，分布均匀
   B. 菌状乳头较少，形似蘑菇
   C. 轮廓乳头体积最大，数量最少
   D. 乳头表面为角化的复层扁平上皮
   E. 丝状乳头表面可形成舌苔
3. 食管腺位于食管壁的（　　）
   A. 黏膜　　B. 固有层
   C. 肌层　　D. 黏膜下层
   E. 外膜
4. 胃腺和肠腺位于消化管管壁的（　　）
   A. 黏膜上皮　　B. 黏膜固有层
   C. 黏膜肌层　　D. 黏膜下层
   E. 肌层
5. 下列不属于胃底腺细胞的是（　　）
   A. 杯状细胞　　B. 壁细胞
   C. 内分泌细胞　　D. 颈黏液细胞
   E. 主细胞
6. 关于胃主细胞，下列描述正确的是（　　）
   A. 主要分布在胃底腺上部　　B. 分泌胃蛋白酶
   C. 分泌胃蛋白酶原　　D. 分泌盐酸
   E. 分泌黏液
7. 能够分泌内因子的细胞是（　　）

A. G 细胞　　B. 壁细胞
C. D 细胞　　D. 颈黏液细胞
E. 主细胞

8. 下列关于小肠绒毛的描述，错误的是(　　)
A. 含中央乳糜管　　B. 有丰富的毛细血管网
C. 扩大了吸收面积　　D. 十二指肠前段绒毛最发达
E. 由黏膜和黏膜下层共同突起形成

9. 小肠黏膜的上皮类型为(　　)
A. 单层柱状上皮，含杯状细胞
B. 未角化的复层扁平上皮
C. 单层柱状上皮，细胞游离面有纤毛
D. 单层立方上皮
E. 变移上皮

10. 关于中央乳糜管，下列描述错误的是(　　)
A. 位于绒毛固有层中央　　B. 与脂类物质的吸收有关
C. 内皮外缺乏基膜　　D. 是一种毛细淋巴管
E. 是一种毛细血管

11. 淋巴组织最丰富的部位是(　　)
A. 结肠　　B. 回肠
C. 空肠　　D. 食管
E. 十二指肠

12. 集合淋巴小结主要存在于(　　)
A. 食管　　B. 胃幽门部
C. 十二指肠　　D. 回肠
E. 结肠

13. 不含杯状细胞的器官是(　　)
A. 食管　　B. 小肠
C. 大肠　　D. 支气管
E. 气管

14. 分泌胃泌素的细胞是(　　)
A. I 细胞　　B. S 细胞
C. ECL 细胞　　D. D 细胞
E. G 细胞

15. 肝的基本结构和功能单位是(　　)
A. 肝板　　B. 肝细胞

C. 肝血窦　　D. 胆小管
E. 肝小叶

16. 下列关于肝小叶的特征描述，错误的是(　　)
A. 由肝细胞单层排列成肝板
B. 以中央静脉为中心，肝板呈放射状排列
C. 切片中肝板呈现为肝细胞索
D. 相邻肝板之间为肝血窦
E. 胆小管位于肝板与内皮之间

17. 肝小叶内分布有(　　)
A. 腺泡　　B. 小叶内导管
C. 中央静脉　　D. 髓窦
E. 小叶下静脉

18. 窦周隙内没有(　　)
A. 贮脂细胞　　B. 肝细胞微绒毛
C. 网状纤维　　D. 枯否细胞
E. 血浆

19. 肝巨噬细胞位于(　　)
A. 肝血窦内　　B. 窦周隙内
C. 肝板内　　D. 门管区内
E. 中央静脉

20. 关于肝血窦的结构特点，下列描述正确的是(　　)
A. 内皮有窗孔，细胞间隙大，有基膜
B. 内皮无窗孔，细胞间隙大，无基膜
C. 内皮有窗孔，细胞间隙大，无基膜
D. 内皮无窗孔，细胞间隙小，有基膜
E. 内皮无窗孔，细胞间隙小，无基膜

21. 维生素A贮存于下列何种细胞内(　　)
A. 肝细胞　　B. 内皮细胞
C. 肝巨噬细胞　　D. 贮脂细胞
E. 大颗粒淋巴细胞

22. 肝细胞各相邻面中，表面有微绒毛的是(　　)
A. 胆小管面和肝细胞连接面　　B. 肝细胞连接面和血窦面
C. 血窦面和胆小管面　　D. 血窦面
E. 胆小管面

23. 肝细胞具有解毒功能的细胞器是(　　)

A. 滑面内质网　　B. 高尔基复合体
C. 溶酶体　　D. 粗面内质网
E. 线粒体

24. 关于肝巨噬细胞的特征，下列描述错误的是(　　)
A. 细胞形态不规则，有突起　　B. 突起可附着于内皮细胞表面
C. 突起可伸入内皮间隙　　D. 巨噬细胞由血窦内皮细胞分化而来
E. 巨噬细胞能吞噬异物和衰老的红细胞

25. 肝硬化时贮脂细胞的作用类似于(　　)
A. 单泡脂肪细胞　　B. 多泡脂肪细胞
C. 肝巨噬细胞　　D. 成纤维细胞
E. 肥大细胞

26. 参与构成胆小管管壁的结构是(　　)
A. 腺细胞　　B. 单层立方上皮
C. 单层柱状上皮　　D. 相邻肝细胞的细胞膜
E. 单层扁平上皮

27. 下列关于胰岛特征的描述，错误的是(　　)
A. 由内分泌细胞组成
B. HE 切片中可分辨出 A、B、D、PP 四种细胞
C. 细胞间有丰富的毛细血管
D. 胰岛大小不等
E. 成团位于腺泡之间

28. 胰腺的泡心细胞是一种(　　)
A. 内分泌细胞　　B. 腺泡细胞
C. 闰管上皮细胞　　D. 未分化细胞
E. 从血管渗出的白细胞

29. 胰腺分泌胰岛素和胰高血糖素的细胞分别是(　　)
A. A 细胞和 B 细胞　　B. B 细胞和 A 细胞
C. A 细胞和 D 细胞　　D. D 细胞和 B 细胞
E. D 细胞和 A 细胞

30. 下列关于胰岛的描述，错误的是(　　)
A. 胰岛是内分泌细胞构成的团状结构
B. 分布于外分泌部腺泡之间
C. 胰岛细胞间有丰富的毛细血管
D. 胰高血糖素由 A 细胞分泌，能升高血糖
E. 胰岛 D 细胞分泌的激素促进 A、B 细胞的分泌

四、多项选择题

1. 黏膜下层中含有腺体的消化管是(　　)

A. 食管　B. 胃　C. 十二指肠　D. 回肠　E. 结肠

2. 壁细胞分泌(　　)

A. 盐酸　B. 胃泌素　C. 内因子　D. 胃蛋白酶　E. 胃蛋白酶原

3. 能够产生黏液的细胞有(　　)

A. 颈黏液细胞　B. 表面黏液细胞　C. 杯状细胞　D. 主细胞　E. 微皱褶细胞

4. 扩大小肠吸收表面积的结构有(　　)

A. 肠绒毛　B. 皱襞　C. 小肠腺　D. 上皮细胞微绒毛　E. 十二指肠腺

5. 下列关于吸收细胞的描述，正确的是(　　)

A. 是小肠黏膜上皮的主要细胞　B. 纹状缘扩大了吸收面积　C. 粗面内质网合成肠蛋白酶　D. 含有丰富的细胞器　E. 吸收被分解的营养物质

6. 关于肝细胞滑面内质网的功能，下列描述正确的是(　　)

A. 合成胆汁　B. 参与脂类代谢　C. 灭活激素　D. 参与解毒　E. 参与形成低密度脂蛋白

7. 肝细胞的邻接面有(　　)

A. 肝血窦面　B. 胆小管面　C. 肝细胞连接面　D. 肝板面　E. 中央静脉面

8. 肝小叶内有(　　)

A. 中央静脉　B. 肝血窦　C. 肝板　D. 胆小管　E. 门管区

9. 肝板的结构特点是(　　)

A. 以中央静脉为中心呈同心圆排列
B. 肝板相互连接成网
C. 肝板上有许多小孔
D. 肝板之间为肝血窦
E. 胆小管位于肝板之间

10. 下列关于中央静脉的描述，正确的是（　　）
A. 位于肝小叶中央　　B. 管壁有许多肝血窦开口
C. 管壁无平滑肌　　D. 管壁内皮不连续
E. 接受肝血窦的血液

11. 下列关于贮脂细胞的描述，正确的是（　　）
A. 位于窦周隙内　　B. 胞质内富含脂滴
C. 贮存维生素 A　　D. 可转化为成纤维细胞
E. 与肝硬化有关

12. 下列关于胆小管的描述，正确的是（　　）
A. 位于相邻肝细胞之间　　B. 呈网状细小管道
C. 有微绒毛　　D. 周围有紧密连接
E. 胆小管内压增大时，管壁破裂，胆汁溢出，出现黄疸

13. 肝血窦的血液来自（　　）
A. 小叶间动脉　　B. 小叶间静脉
C. 小叶间胆管　　D. 中央静脉
E. 小叶下静脉

14. 血窦细胞包括（　　）
A. 枯否细胞　　B. 内皮细胞
C. 贮脂细胞　　D. 树突状细胞
E. 大颗粒淋巴细胞

15. 下列哪些管道的上皮为单层扁平上皮（　　）
A. 中央静脉　　B. 肝血窦
C. 小叶间胆管　　D. 胆小管
E. 小叶下静脉

16. 窦周隙的特征为（　　）
A. 内有血浆
B. 肝细胞微绒毛伸入其中
C. 是肝细胞与血液进行物质交换的场所
D. 位于肝板与肝窦内皮之间
E. 内有贮脂细胞和网状纤维

17. 胰腺可分泌(　　)
   A. 胰淀粉酶　　B. 胰蛋白酶
   C. 胰脂肪酶　　D. 胰高血糖素
   E. 胰岛素
18. 胰腺外分泌部的特征是(　　)
   A. 腺泡为浆液性腺泡　　B. 腺泡腔内有泡心细胞
   C. 腺泡无肌上皮细胞　　D. 闰管长
   E. 导管细胞可分泌碳酸氢盐
19. 构成胰岛的细胞有(　　)
   A. A 细胞　　B. B 细胞
   C. D 细胞　　D. ECL 细胞
   E. PP 细胞
20. 胰腺泡心细胞的特点是(　　)
   A. 位于胰腺外分泌部　　B. 为闰管上皮细胞
   C. 细胞为扁平或立方形　　D. 分泌激素
   E. 胞质染色淡
21. 下列关于胰岛 B 细胞的描述，正确的是(　　)
   A. 主要位于胰岛中心　　B. 是胰岛内数量最多的细胞
   C. 促进糖原合成　　D. 分泌胰岛素
   E. 功能亢进时可引起血糖升高

五、问答题

1. 构成胃底腺的细胞有哪些，各有何功能?
2. 结合小肠功能论述小肠壁的组织结构特点。
3. 试述肝小叶的组织结构。

参考答案

一、名词解释

1. 中央乳糜管：小肠绒毛固有膜中央贯穿一条以盲端为起始的毛细淋巴管，称中央乳糜管。

2. 食管腺：指食管黏膜下层中的腺体。

3. 胃小凹：有腺部胃黏膜形成明显的皱襞，当食物充满时，这些皱襞变小或消失。黏膜表面可见许多凹陷的小窝，称为胃小凹。

4. 黏液-碳酸氢盐屏障：胃黏膜上皮表面的黏液层由大量含有 HCO_3^- 的黏

液凝胶构成，HCO_3^- 可中和 H^+，形成 H_2CO_3，凝胶可防止胃酸和胃蛋白酶对黏膜自身的侵蚀及离子的通透，若此屏障受到损伤，就会引起胃炎、胃溃疡等疾病。

5. 小肠绒毛：小肠黏膜表面布满由上皮和固有膜形成的突向管腔的细小突起，即小肠绒毛。

6. 小肠腺：是小肠黏膜上皮在绒毛根部下陷至固有膜所形成的管状腺。

7. 肝板：在肝小叶中，肝细胞排列成板状，并以中央静脉为中轴向四周辐射分布。

8. 胆小管：相邻肝细胞膜局部凹陷成槽，相互对接形成微细管道，构成胆小管壁的肝细胞膜被连接复合体封闭，防止胆汁由细胞间隙渗入血窦。

9. 肝窦：位于肝板之间，与肝板相间排列。是一种血窦，窦壁由有孔内皮细胞组成，内皮外缺乏基膜。

10. 门管区：是相邻几个肝小叶之间的结缔组织内小叶间动脉、小叶间静脉和小叶间胆管伴行分布的三角区域。

11. 门管小叶：以门管区为中轴，相邻三个中央静脉的连线为边界构成的三角形棱柱体，其长轴和肝小叶一致。

12. 胰岛：是由内分泌细胞组成的细胞团，分布于腺泡之间，构成胰岛的细胞包括A细胞、B细胞、D细胞和PP细胞。

二、填空题

1. 黏膜层；黏膜下层；肌层；外膜　2. 复层扁平；单层柱状　3. 丝状乳头；菌状乳头；叶状乳头；轮廓乳头　4. 明细胞；暗细胞；基细胞　5. 黏膜层；肌层；外膜　6. 复层扁平上皮；单层柱状　7. 主；壁；颈黏液；干；内分泌　8. 胃蛋白酶原；盐酸；胃蛋白酶　9. 十二指肠腺　10. 闰管；纹状管；颗粒曲管；排泄管　11. 腮腺；颌下腺；舌下腺　12. 肝小叶　13. 肝细胞连接面；肝细胞胆小管面；肝窦面　14. 滑面内质网　15. 窦周隙　16. 小叶间动脉；小叶间静脉；小叶间胆管　17. 腺泡；导管；胰岛　18. 肝巨噬细胞，又称枯否细胞

三、单项选择题

1. D　2. D　3. D　4. B　5. A　6. C　7. B　8. E　9. A　10. E　11. B　12. D　13. A　14. E　15. E　16. E　17. C　18. D　19. A　20. C　21. D　22. C　23. A　24. D　25. D　26. D　27. B　28. C　29. B　30. E

四、多项选择题

1. AC　2. AC　3. ABC　4. ABD　5. ABDE　6. ABCDE　7. ABC

8. ABCD 9. BCD 10. ABCDE 11. ABCDE 12. ABCDE 13. AB
14. ABCDE 15. ABE 16. ABCDE 17. ACDE 18. ABCDE 19. ABCE
20. ABCE 21. ABCD

五、问答题

1. 构成胃底腺的细胞有哪些，各有何功能？

【参考答案】构成胃底腺的细胞有主细胞、壁细胞、颈黏液细胞和内分泌细胞四种。主细胞分泌胃蛋白酶原，在盐酸作用下转变为胃蛋白酶，参与蛋白质分解，幼畜的主细胞还分泌凝乳酶，参与乳汁的消化吸收；壁细胞能分泌盐酸，又称盐酸细胞，盐酸激活胃蛋白酶原；颈黏液细胞能分泌黏液，有保护胃黏膜的作用；内分泌细胞如 ECL 细胞分泌组胺，刺激胃酸的分泌，另外有扩张血管的作用。

2. 结合小肠功能论述小肠壁的组织结构特点。

【参考答案】小肠壁由内向外依次分为黏膜、黏膜下层、肌层和浆膜。黏膜层包括上皮、固有膜和黏膜肌层。①小肠壁的腔面有环层皱襞、小肠绒毛和上皮细胞的纹状缘（微绒毛构成），这些结构扩大了小肠的吸收表面积；固有膜层分布有大量的小肠腺，肠腺分泌物有助于消化和吸收，绒毛固有层中央的中央乳糜管吸收脂类物质，此外，固有层还分布有丰富的毛细血管、淋巴管和神经等，固有层的这些结构有利于小肠的消化、吸收和防御。黏膜肌分内环、外纵两层，收缩时可协助肠绒毛吸收营养和肠腺的分泌。②黏膜下层有丰富的血管、神经等，小肠的十二指肠在此层还有特有的结构十二指肠腺，其分泌物为碱性黏蛋白，在黏膜上皮表面铺展成一层，可抵御胃酸对十二指肠上皮的侵蚀。分泌物中还含有淀粉酶、二肽酶和表皮生长因子等。③肌层的内环、外纵平滑肌，促使小肠蠕动，利于营养的吸收和运输。④浆膜，由表面的间皮和间皮下结缔组织构成。

3. 试述肝小叶的组织结构。

【参考答案】肝小叶是肝的基本结构和功能单位，呈多面棱柱体，横断面呈不规则的多边形。肝小叶的结构以中央静脉为中心，肝板、肝血窦和胆小管等围绕中央动脉呈辐射状排列。①中央静脉是肝静脉的分支，管壁只有一层不连续内皮，接纳肝窦的血液，最后与小叶下静脉垂直相连。②肝板由单行肝细胞排列而成。相邻肝板有分支吻合，肝板上有许多小孔，是肝窦的通道。③肝血窦位于肝板之间，与肝板相间排列。肝窦是一种血窦，肝窦内分布着许多巨噬细胞，也称枯否细胞，肝窦接纳由小叶间动脉和小叶间静脉来的血液，然后流向中央静脉。④相邻肝细胞的连接面之间，局部细胞膜凹陷对接形成胆小管，胆小管在肝小叶边缘与肝闰管相连。⑤肝板与肝窦内皮之间有窦周隙，窦周隙内充满血浆，还分布着网状纤维和贮脂细胞。

第十三章 呼吸系统

一、名词解释

1. 嗅上皮 2. 肺泡管 3. 肺泡囊 4. 肺泡隔 5. 肺泡 6. 血-气屏障

二、填空题

1. 呼吸系统由（ ）和（ ）组成，主要功能是（ ）。

2. 鼻黏膜根据结构和功能的不同，可分为（ ）、（ ）和（ ）。

3. 呼吸部黏膜固有层含有丰富的（ ）和（ ），有温暖吸入空气的作用。

4. 构成嗅黏膜上皮的细胞有（ ）细胞、（ ）细胞和（ ）细胞。

5. （ ）浸于嗅腺的分泌物中司嗅觉。

6. 气管与支气管的管壁由（ ）、（ ）和（ ）三层组成。

7. 气管与支气管黏膜上皮均为（ ）上皮，由（ ）、（ ）、（ ）、（ ）和（ ）五种细胞组成。

8. 覆盖在气管黏膜表面的黏液保护层是由（ ）分泌的黏液和（ ）的腺体分泌物组成。

9. 肺的呼吸部包括（ ）、（ ）、（ ）和（ ）。

10. 叶支气管至小支气管管壁黏膜上皮为（ ），之间夹杂有（ ）细胞，但数量逐渐变少。固有层外侧的（ ）形成断续的肌层。黏膜下层（ ）逐渐减少。外膜内的软骨呈（ ）。

11. 在细支气管和终末细支气管的黏膜上皮中有一种无纤毛的柱状分泌细胞，称（ ）细胞，其分泌物中的（ ）可分解管腔内的黏液及细胞碎片。

12. 肺内导气部（ ）段和（ ）段的管壁中的环层平滑肌的舒缩可改变其管径的大小，能够调节肺泡内的气体流量。

13. Ⅰ型肺泡细胞的主要功能是（ ），并构成（ ）。

14. Ⅱ型肺泡细胞胞质内具分泌颗粒，主要含（ ），能够（ ）肺泡表面张力，防止肺泡塌陷或过度膨胀，稳定肺泡大小。

15. 肺泡隔中的（　　　　　）成分有助于保持肺泡的弹性，与吸气后肺泡的回缩有关。

16. 肺巨噬细胞吞噬进入到肺内的尘埃、细菌、异物及渗出的红细胞等，当胞质内吞有大量的尘粒、烟灰时，细胞变黑，又称（　　　），它来源于（　　　）细胞。

17. （　　　）作为沟通相邻肺泡的气体通道，可以平衡肺泡内的气压。但肺部感染时，病原菌也可通过它扩散蔓延。

三、单项选择题

1. 呼吸系统的导气部起于鼻，止于(　　)
   A. 小支气管　　B. 细支气管
   C. 终末细支气管　　D. 呼吸性细支气管
   E. 肺泡管
2. 气管黏膜上皮中具有增殖分化功能的细胞是(　　)
   A. 纤毛细胞　　B. 杯状细胞
   C. 基细胞　　D. 刷细胞
   E. 小颗粒细胞
3. 一个肺小叶的组成是(　　)
   A. 一个主支气管及其分支和肺泡
   B. 一个小支气管及其分支和肺泡
   C. 一个细支气管及其分支和肺泡
   D. 一个终末细支气管及其分支和肺泡
   E. 一个呼吸性细支气管及其分支和肺泡
4. 肺的呼吸部指(　　)
   A. 细支气管及以下分支至肺泡
   B. 终末细支气管及以下分支至肺泡
   C. 呼吸性细支气管及以下分支至肺泡
   D. 肺泡管及以下分支至肺泡
   E. 肺泡囊及肺泡
5. 肺泡表面活性物质的分泌细胞是(　　)
   A. 杯状细胞　　B. Ⅰ型肺泡细胞
   C. Ⅱ型肺泡细胞　　D. 肺巨噬细胞
   E. 克拉拉细胞
6. 肺泡最早出现于(　　)
   A. 细支气管　　B. 终末细支气管

C. 呼吸性细支气管　D. 肺泡管
E. 肺泡囊

7. 下列关于终末细支气管结构特点的描述，错误的是(　　)
A. 黏膜上皮为单层柱状上皮　B. 夹有少量杯状细胞和腺体
C. 形成完整的薄层环形平滑肌　D. 软骨片完全消失
E. 上皮中含有克拉拉细胞

8. 下列关于Ⅰ型肺泡细胞的描述，错误的是(　　)
A. 覆盖大部分肺泡表面　B. 细胞扁平，无核部分很薄
C. 胞质中含有丰富的细胞器　D. 参与构成血-气屏障
E. 胞质内吞饮小泡多

9. 参与气体交换的细胞是(　　)
A. Ⅰ型肺泡细胞　B. Ⅱ型肺泡细胞
C. 成纤维细胞　D. 尘细胞
E. 杯状细胞

10. 肺泡上皮细胞间的连接方式是(　　)
A. 中间连接　B. 缝隙连接
C. 紧密连接　D. 镶嵌连接
E. 桥粒

11. 下列关肺呼吸部的描述，错误的是(　　)
A. 呼吸部结构均不完整
B. 肺泡囊与肺泡管相延续
C. 肺泡管自身管壁结构呈断续状
D. 肺泡管断面上出现的结节状膨大是由环绕在肺泡开口处的平滑肌形成的
E. 肺泡只开口于肺泡管和肺泡囊

12. 下列关于肺泡隔的描述，错误的是(　　)
A. 肺泡隔为相邻肺泡间的薄层结缔组织
B. 含丰富的毛细血管
C. 含丰富的弹性纤维和网状纤维
D. 弹性纤维有回缩肺泡的作用
E. 肺间质内含较多的尘细胞，与过敏有关，会引起各级黏膜水肿，呼吸困难

13. 下列有关肺泡的叙述，错误的是(　　)
A. 肺泡上皮由Ⅰ型和Ⅱ型肺泡细胞组成
B. Ⅰ型肺泡细胞具有增殖能力
C. Ⅱ型肺泡细胞分泌肺泡表面活性物质
D. 相邻肺泡间有肺泡孔相通

E. 肺泡壁上有丰富的毛细血管，与肺泡进行气体交换

四、多项选择题

1. 下列关于鼻黏膜的描述，正确的是(　　)
   A. 鼻黏膜上皮均为假复层纤毛柱状上皮
   B. 鼻黏膜不易移动是由于它缺乏黏膜下层
   C. 鼻有嗅觉功能是因为嗅上皮含嗅细胞
   D. 嗅上皮中嗅细胞数量最多
   E. 前庭部固有层为致密结缔组织，内含毛囊、皮脂腺、汗腺等
2. 存在于呼吸系统内的主要免疫细胞有(　　)
   A. 浆细胞　　B. 肺巨噬细胞
   C. 小颗粒细胞　　D. 克拉拉细胞
   E. Ⅱ型肺泡细胞
3. 下列关于气管黏膜下层，描述正确的是(　　)
   A. 位于黏膜肌外侧，与固有层分界明显
   B. 含较多胶原纤维
   C. 腺体分泌物在气管表面形成黏液保护层
   D. 含较多气管腺
   E. 腺细胞分泌溶菌酶
4. 在支气管树中，肺泡分布于(　　)
   A. 细支气管　　B. 终末细支气管
   C. 呼吸性细支气管　　D. 肺泡管
   E. 肺泡囊
5. 下列关于细支气管的结构特点，描述正确的是(　　)
   A. 上皮过渡为单层纤毛柱状上皮
   B. 平滑肌相对增多
   C. 杯状细胞、腺体和软骨片减少甚至消失
   D. 管壁的三层结构不明显
   E. 黏膜常形成皱襞
6. 下列关于肺巨噬细胞，下列描述正确的是(　　)
   A. 来源于单核细胞　　B. 能吞噬进入肺的尘埃与细菌
   C. 胞质变黑时称尘细胞　　D. 可存在于肺泡隔和肺泡腔
   E. 可迁移进入肺门淋巴结
7. 血-气屏障的结构包括(　　)
   A. 肺泡表面活性物质层　　B. Ⅱ型肺泡细胞及肺泡上皮基膜

C. Ⅰ型肺泡细胞及肺泡上皮基膜D. 薄层结缔组织
E. 毛细血管基膜和内皮

五、问答题

试述肺泡的组成及其与呼吸功能的关系。

参考答案

一、名词解释

1. 嗅上皮：嗅黏膜表面由支持细胞、嗅细胞和基细胞组成假复层纤毛柱状上皮，因有嗅觉功能，又称嗅上皮。

2. 肺泡管：呼吸性细支气管的分支，管壁上有较多的肺泡囊和肺泡开口，因此管壁结构呈断续状，只存在于肺泡开口之间。

3. 肺泡囊：是几个肺泡所共同围成的囊泡状腔。

4. 肺泡隔：是相邻肺泡间含有丰富毛细血管、弹性纤维和网状纤维的结缔组织，肺泡隔非常薄。

5. 肺泡：为半球形或多面形囊泡，开口于呼吸性细支气管、肺泡管或肺泡囊，是进行气体交换的场所。

6. 血-气屏障：是肺泡与血液之间进行气体交换所通过的结构，也是防病原扩散的结构。

二、填空题

1. 呼吸道；肺；进行气体交换　2. 前庭部；呼吸部；嗅部　3. 毛细血管；静脉丛　4. 嗅；支持；基　5. 嗅毛　6. 黏膜；黏膜下层；外膜　7. 假复层纤毛柱状；纤毛细胞；杯状细胞；基细胞；刷细胞；小颗粒细胞　8. 杯状细胞；气管腺　9. 呼吸性细支气管；肺泡管；肺泡囊；肺泡　10. 假复层纤毛柱状上皮；杯状；平滑肌；腺体；不规则片状　11. 克拉拉；蛋白水解酶　12. 细支气管；终末细支气管　13. 进行气体交换；血-气屏障　14. 二棕榈酰卵磷脂；降低　15. 弹性纤维　16. 尘细胞；单核　17. 肺泡孔

三、单项选择题

1. C　2. C　3. C　4. C　5. C　6. C　7. B　8. C　9. A　10. C　11. E　12. E　13. B

四、多项选择题

1. BCE　2. AB　3. BCDE　4. CDE　5. ABCDE　6. ABCDE　7. ACDE

五、问答题

试述肺泡的组成及其与呼吸功能的关系。

【参考答案】肺泡是半球形小囊或多面形的囊状结构，开口于呼吸性细支气管、肺泡管或肺泡囊，是构成肺实质的主要结构，是肺进行气体交换的场所。肺泡壁薄，由肺泡上皮及基膜组成。相邻肺泡间的薄层结缔组织形成肺泡隔，其内含毛细血管、弹性纤维及多种细胞等。相邻肺泡间经肺泡孔相通。相关功能如下。①肺泡上皮由两种肺泡细胞组成。Ⅰ型肺泡细胞，其不含核部分扁平而薄，参与气-血屏障的组成，为肺进行气体交换提供了广大面积；Ⅱ型肺泡细胞，胞质中的分泌颗粒含二棕榈酰卵磷脂，有降低肺泡表面张力、稳定肺泡的直径的作用。②肺泡隔，含丰富的连续毛细血管，参与血-气屏障的组成；含有大量的弹性纤维，使肺泡具有弹性，在肺泡回缩时起重要作用。③肺泡孔，是相邻肺泡间的通道，当某个终末细支气管阻塞时，可通过肺泡孔建立侧支通气道。④血-气屏障，是指肺泡腔内气体与血液内气体进行交换所通过的结构。包括肺泡表面液体层、Ⅰ型肺泡细胞与基膜、薄层结缔组织、连续毛细血管基膜与毛细血管内皮。血-气屏障很薄，有利于快速地进行气体交换。

第十四章　泌尿系统

一、名词解释

1. 髓放线　2. 皮质迷路　3. 肾单位　4. 肾小体　5. 血管系膜
6. 肾小囊　7. 肾小管　8. 球旁复合体　9. 致密斑　10. 球外系膜细胞

二、填空题

1. 泌尿系统是动物最主要的排泄系统，由（　　）、（　　）、（　　）和（　　）组成。

2. 多乳头肾的髓质可形成明显的锥体状，称（　　），椎体底部宽大向外，邻接（　　），顶端钝圆，突入肾小盏内，称（　　）。

3. 肾皮质和髓质的厚度比例在不同的动物中是不一样的，这与（　　）有关，髓质越厚，（　　）能力越强。

4. 泌尿小管包括（　　）和（　　）两部分。

5. 肾小体具有极性，小动脉进出肾小囊的一端为（　　）极，对侧与近曲小管通连的另一端为（　　）极。

6. 肾小囊脏层细胞胞体大，凸向肾小囊腔，该细胞为（　　）细胞。

7. 生成原尿的滤过膜由（　　）、（　　）和（　　）三层结构组成。

8. 原尿重吸收的主要部位是（　　）。

9. 球旁细胞胞质中的特殊分泌颗粒中含有（　　），能催化血管紧张素原分解为血管紧张素Ⅰ，在（　　）的作用下转变成血管紧张素Ⅱ，具有升高血压、增强滤过的作用。

10. 致密斑是一种化学感受器，能感受肾小管内液体中（　　）离子的浓度变化。

三、单项选择题

1. 肾小叶为（　　）

A. 两条髓放线之间的皮质迷路　　B. 每条髓放线及其周围的皮质迷路
C. 肾锥体及其相连的皮质部分　　D. 一条髓放线和相邻的一个皮质迷路
E. 一个集合管及与其相通连的肾单位

2. 肾柱位于(　　)
A. 两条髓放线之间
B. 皮质迷路之间
C. 相邻肾锥体之间的皮质
D. 相邻肾锥体之间的皮髓质
E. 肾小叶之间
3. 肾单位的组成是(　　)
A. 肾小体、肾小管和集合管
B. 肾小体和肾小管
C. 肾小体、近端小管和髓袢
D. 近端小管、细段和远端小管
E. 肾小管和集合管
4. 区分浅表肾单位和髓旁肾单位的依据是(　　)
A. 肾小体的体积
B. 肾小体的分布部位
C. 肾小体的数量
D. 相应的肾小管粗细
E. 相应的髓袢长短
5. 肾小体的组成是(　　)
A. 血管球和肾小囊
B. 血管球和肾小管
C. 肾小囊和肾小管
D. 肾小囊、肾小管和集合管
E. 血管球和泌尿小管
6. 原尿形成的部位是(　　)
A. 肾小体
B. 肾小管
C. 集合管
D. 肾小体和肾小管
E. 肾小管和集合管
7. 对原尿进行重吸收的部位是(　　)
A. 肾小囊和肾小管
B. 肾小体和肾小管
C. 肾小管和集合管
D. 肾小体和肾小囊
E. 集合管
8. 髓袢的组成包括(　　)
A. 近直小管和细段
B. 近直小管、细段和远直小管
C. 细段和远直小管
D. 远直小管和集合管
E. 近直小管和远直小管
9. 原尿的成分不包括(　　)
A. 葡萄糖
B. 大分子蛋白质
C. 氨基酸
D. 电解质
E. 尿素
10. 分泌肾素的细胞是(　　)
A. 球旁细胞
B. 球内系膜细胞
C. 足细胞
D. 肾间质细胞

E. 致密斑

11. 上皮细胞游离面有刷状缘结构的是(　　)

A. 近端小管　　B. 远端小管

C. 细段　　D. 直集合管

E. 弓状集合管

12. 受抗利尿激素和醛固酮调节的部位是(　　)

A. 近端小管和远端小管　　B. 远端小管和集合管

C. 髓袢　　D. 髓袢和集合管

E. 近端小管和髓袢

13. 球旁细胞由下列哪种细胞转变而来(　　)

A. 动脉管壁上的平滑肌细胞　　B. 球内系膜细胞

C. 球外系膜细胞　　D. 足细胞

E. 肾小囊壁层细胞

14. 下列关于足细胞的描述，正确的是(　　)

A. 是血管球的内皮细胞　　B. 是肾小囊壁层上皮细胞

C. 是肾小囊脏层上皮细胞　　D. 是系膜细胞

E. 是构成致密斑的细胞

15. 关于膀胱的组织结构，下列描述正确的是(　　)

A. 黏膜上皮为复层扁平上皮

B. 黏膜上皮为假复层纤毛柱状上皮

C. 固有层内含较多的腺体

D. 肌层由内纵、中环、外纵三层平滑肌组成

E. 外膜均为浆膜

四、多项选择题

1. 泌尿系统的功能是(　　)

A. 排出体内的代谢废物　　B. 调节机体水和电解质的平衡

C. 参与维持正常血压　　D. 产生多种生物活性因子

E. 合成分泌多种激素

2. 下列关于血管球的描述，正确的是(　　)

A. 是一团盘曲的动脉毛细血管　　B. 入球小动脉管径大于出球小动脉

C. 为连续毛细血管　　D. 毛细血管袢之间有球内系膜

E. 毛细血管内有较高的压力

3. 关于球内系膜细胞的功能，下列描述正确的是(　　)

A. 吞噬基膜上的免疫复合物　　B. 更新基膜和系膜基质

C. 调节血管球血流量
D. 合成多种酶
E. 合成肾素

4. 近端小管上皮细胞与物质重吸收有关的结构是( )
A. 微绒毛
B. 质膜内褶
C. 侧突
D. 杆状线粒体
E. 纤毛

5. 关于近端小管的光镜结构特点，下列描述正确的是( )
A. 上皮细胞呈椎体形
B. 胞质呈嗜酸性
C. 游离面有刷状缘
D. 上皮细胞界限不清
E. 管腔较大而规则

6. 远端小管的光镜结构特点有( )
A. 上皮细胞呈立方形
B. 上皮细胞微绒毛少
C. 管腔较大而规则
D. 上皮细胞的胞核位于基底部
E. 游离面有刷状缘

7. 下列关于致密斑的描述，正确的是( )
A. 是高柱状上皮细胞形成的椭圆形斑
B. 游离面有微绒毛
C. 基底膜常不完整
D. 相邻细胞间可见紧密连接
E. 是一种离子感受器

五、问答题

试述与原尿形成相关的组织结构。

参考答案

一、名词解释

1. 髓放线：从肾锥体底部发出许多辐射状条纹伸入皮质称髓放线。
2. 皮质迷路：髓放线周围的皮质为许多弯曲盘绕的小管称皮质迷路。
3. 肾单位：是尿液形成的结构和功能单位，由肾小体和肾小管组成。
4. 肾小体：圆球形，分布于皮质迷路内，由血管球和肾小囊组成。
5. 血管系膜：又称球内系膜，位于血管球的毛细血管袢之间，由球内系膜细胞和系膜基质所构成。
6. 肾小囊：为近端小管起始盲端凹陷而成的双层杯状结构，包绕中央的血管球。

7. 肾小管：由单层上皮围成的细长而弯曲的小管，包括近端小管、细段和远端小管。

8. 球旁复合体：在肾小体血管极一侧的三角形区域内，由球旁细胞、致密斑和球外系膜细胞组成的结构。

9. 致密斑：远曲小管在紧靠肾小体一侧的管壁上皮细胞由立方形转变为高柱状，细胞排列紧密，形成一个椭圆形斑，称致密斑。

10. 球外系膜细胞：指入球小动脉、出球小动脉和致密斑形成的三角区内的一群细胞。

二、填空题

1. 肾脏；输尿管；膀胱；尿道　2. 肾锥体；皮质；肾乳头　3. 动物浓缩尿液的能力；浓缩尿液　4. 肾单位；集合小管　5. 血管；尿　6. 足　7. 血管球有孔内皮；基膜；足细胞裂隙膜　8. 近端小管　9. 肾素；转换酶　10. 钠

三、单项选择题

1. B　2. C　3. B　4. B　5. A　6. A　7. C　8. B　9. B　10. A　11. A　12. B　13. A　14. C　15. D

四、多项选择题

1. ABCDE　2. ABDE　3. ABCDE　4. ABC　5. ABCD　6. ABC　7. ABCDE

五、问答题

试述与原尿形成相关的组织结构。

【参考文献】肾单位是肾尿液形成的结构和功能单位，由肾小体和肾小管组成。肾小体呈球形，由血管球和肾小囊构成，是滤过血液形成原尿的结构。

(1) 血管球是一团盘曲成球状的动脉毛细血管。入球小动脉在血管极进入肾小囊，反复分支并吻合成球形的毛细血管袢，后者在血管极再汇合成一条较细的出球小动脉离开肾小体。入球小动脉比出球小动脉短而粗，形成血管球内较高的血压，有利于血液滤过形成原尿。血管球的动脉毛细血管为有孔毛细血管，小孔数量多，无隔膜，似筛孔样排列，血管内皮外是一层基膜。血管球的毛细血管袢之间有球内系膜，球内系膜细胞具有多种功能：①吞噬和清除基膜上的免疫复合物，以维持血管球的正常滤过功能。②更新基膜和系膜基质，系膜基质在血管球内起支持和通透作用。③有收缩能力，可调节血管球内的血流量。④合成多种酶和肾素等生物活性物质。肾素是一种蛋白水解酶，催化血浆中的血管紧张素原分解为血管紧张素Ⅰ，在转换酶的催化下转变成血管紧张素Ⅱ，具有升高血压、增强滤过的作用。

（2）肾小囊为近端小管起始盲端凹陷而成的双层杯状结构，包绕中央的血管球。肾小囊外层（壁层）的上皮为单层扁平上皮。脏层细胞形态特殊，胞体大，凸向肾小囊腔，从胞体上伸出若干大的初级突起，初级突起上又分出许多次级突起和三级突起，这些突起的末端膨大并紧贴于毛细血管基膜上，形似足靴状，称为足细胞，参与形成血管球滤过膜，或称滤过屏障，对血液内物质有选择性通透作用。

第十五章　雄性生殖系统

一、名词解释

1. 生精细胞　2. 支持细胞　3. 间质细胞　4. 血-睾屏障　5. 睾丸纵隔　6. 睾丸网

二、填空题

1. 自睾丸纵隔上分出呈放射状排列的结缔组织隔，并与白膜相连，称（　　），它将睾丸分成许多小室，称（　　）。

2. 精子发生的场所是（　　　）。

3. 构成曲精小管的上皮是一种特殊的复层生精上皮，管壁上皮细胞分两类，即（　　）细胞和（　　）细胞。

4. 睾丸间质细胞的主要作用是合成并分泌雄性激素和（　　）。

5. 生精小管的长轴纵切面上，生精上皮周期变化并不同步进行，而呈波浪状，这种现象称为（　　　）。

6. 睾丸输出小管一端连于（　　　），另一端通入（　　）。

7. 精子进一步成熟和储存的器官是（　　）。

8. 输精管管壁由内向外依次分为（　　）、（　　）和（　　）三层。

三、单项选择题

1. 生精上皮的组成是(　　)

   A. 支持细胞和生精细胞

   B. 肌样细胞和生精细胞

   C. 支持细胞、肌样细胞和精原细胞

   D. 支持细胞和肌样细胞

   E. 生精细胞、间质细胞

2. 生精细胞中不再进行分裂的是(　　)

   A. 精原细胞　　B. 初级精母细胞

   C. 次级精母细胞　　D. 精子细胞

   E. 次级精母细胞、精子细胞

3. 血-睾屏障中最重要的结构是(　　)
A. 毛细血管内皮　　B. 内皮外基膜
C. 支持细胞间的紧密连接　　D. 结缔组织
E. 肌样细胞

4. 体积最大的生精细胞是(　　)
A. 精原细胞　　B. 初级精母细胞
C. 次级精母细胞　　D. 精子细胞
E. 支持细胞

5. 成群分布在睾丸曲精小管之间，HE 染色细胞较大，细胞呈圆形或不规则形，胞质具强嗜酸性，能分泌睾酮，该细胞是(　　)
A. 精原细胞　　B. 初级精母细胞
C. 支持细胞　　D. 睾丸间质细胞
E. 精子细胞

四、多选题

1. 下列关于曲精小管的描述，正确的是(　　)
A. 是精子发生的场所
B. 曲精小管上皮为假复层生精上皮
C. 管壁上皮细胞有支持细胞和生精细胞
D. 基膜外肌样细胞收缩有利于排出精子
E. 支持细胞即支持营养各级生精细胞，除此之外，无其他作用

2. 精子的发生过程包括(　　)
A. 精原细胞的增殖、分化　　B. 初级精母细胞的减数分裂
C. 次级精母细胞的减数分裂　　D. 精子细胞的变态
E. 精子获能

3. 下列关于睾丸间质细胞的描述，正确的是(　　)
A. 是一种内分泌细胞
B. 零散分布于曲精小管之间
C. 含丰富的粗面内质网
D. 线粒体多
E. 分泌雄激素

五、问答题

1. 试述曲精小管的构造和精子的发生过程。
2. 简述支持细胞的功能。

参考答案

一、名词解释

1. 生精细胞：指性成熟家畜的睾丸曲精小管上皮中依次排列的精原细胞、初级精母细胞、次级精母细胞、精子细胞和精子。

2. 支持细胞：又称赛托利细胞，分布在各级生精细胞之间，有支持营养各级生精细胞；合成雄激素结合蛋白，促进精子形成；吞噬精子在变态成熟过程中遗弃的残余体等功能。

3. 间质细胞：分布在睾丸间质中的一种内分泌细胞，合成并分泌睾酮。

4. 血-睾屏障：支持细胞的紧密连接和支持细胞的基膜一起阻挡自毛细血管进入细胞间隙内的一些大分子物质，使其不能进入管腔，起屏障作用，称为血-睾屏障。

5. 睾丸纵隔：在睾丸头处，白膜的结缔组织伸入睾丸内部形成结缔组织纵隔，称睾丸纵隔。

6. 睾丸网：位于睾丸纵隔中，是一个相互沟通、交织成网的管道系统，可输送精子。

二、填空题

1. 睾丸小隔；睾丸小叶　2. 曲精小管　3. 生精；支持　4. 睾酮　5. 生精上皮波　6. 睾丸网；附睾管　7. 附睾　8. 黏膜层；肌层；外膜

三、单项选择题

1. A　2. D　3. C　4. B　5. D

四、多选题

1. ACD　2. ABCD　3. ADE

五、问答题

1. 试述曲精小管的构造和精子的发生过程。

【参考答案】曲精小管的构造：曲精小管为精子发生的场所，构成曲精小管的上皮是一种特殊的复层生精上皮，管壁上皮细胞分为两类，即支持细胞和生精细胞。在管壁上由基底部向管腔依次排列的生精细胞有精原细胞、初级精母细胞、次级精母细胞、精子细胞和精子。支持细胞分布在各级生精细胞之间。上皮外有一薄层基膜，基膜外有一层肌样细胞，其结构与平滑肌细胞相似，可收缩，有助于曲精小管内精子的排出。

精子的发生过程：①精原细胞，是精子发生的干细胞，位于曲精小管的基膜内侧，是精子形成中最幼稚的生精干细胞。可分为A、B两型。A型又分为明A型和暗A型。明A型细胞经数次分裂产生B型精原细胞。B型精原细胞数次有丝分裂后转化为初级精母细胞。②初级精母细胞，多位于精原细胞内侧，是生精细胞中最大的细胞。第一次减数分裂后产生两个次级精母细胞。③次级精母细胞，多位于初级精母细胞内侧。存在时间很短，很快完成第二次减数分裂，产生两个单倍体的精子细胞。④精子细胞，靠近曲精小管的管腔。精子细胞不再分裂，经一系列形态上的变化成为精子。⑤精子，形似蝌蚪，是精子细胞经变态形成的。成熟精子由头部、颈部和尾部三部分组成。

2. 简述支持细胞的功能。

【参考答案】①支持营养各级生精细胞。②合成雄激素结合蛋白，分泌入管腔中，并与雄激素结合，提高曲精小管内雄激素含量，促进精子的发生。③吞噬精子在变态成熟过程中遗弃的残余体。④参与血-睾屏障的形成。⑤分泌少量液体，有助于精子的运动。

第十六章　雌性生殖系统

一、名词解释

1. 排卵窝　2. 卵巢网　3. 门细胞　4. 生长卵泡　5. 透明带
6. 卵丘　7. 放射冠　8. 黄体

二、填空题

1. 产生卵子的器官是（　　　　）。

2. 卵泡是由中央的一个（　　　　）细胞及其周围的（　　　　）细胞等组成的一个球状结构。

3. 生长卵泡要经历 3 个阶段，即（　　　　）、（　　　　）和（　　　　）。

4. 三级卵泡的特点是在卵泡细胞间出现许多充满液体的小腔隙，并逐渐扩大融合合成一个大的新月形的腔，称（　　　　）。

5. 三级卵泡中的卵母细胞仍为初级卵母细胞，但核空泡化明显，核仁明显，又称为（　　　　）。

6. 三级卵泡发育到即将排卵的阶段，即为（　　　　）。

7. 排卵后，卵泡壁塌陷形成皱襞，卵泡内膜毛细血管破裂引起出血，基膜破碎，血液充满卵泡腔，形成(　　　　)。同时残留在卵泡壁的颗粒细胞和内膜细胞向腔内侵入，胞体增大并分化，胞质内出现黄色脂质颗粒，颗粒细胞分化成（　　　　）细胞，而内膜细胞分化成（　　　　　　）细胞。

8. 真黄体和假黄体在完成其功能后，均退化，退化的黄体成为结缔组织瘢痕，称为（　　　　）。

三、单项选择题

1. 原始卵泡中的卵母细胞是(　　)
   - A. 卵原细胞
   - B. 初级卵母细胞
   - C. 次级卵母细胞
   - D. 三级卵母细胞
   - E. 成熟卵细胞

2. 分泌孕激素的细胞是(　　)
   - A. 内膜细胞
   - B. 颗粒细胞
   - C. 膜性黄体细胞
   - D. 粒性黄体细胞

E. 门细胞

3. 参与形成透明带的细胞是(　　)

A. 卵原细胞　　B. 卵泡细胞
C. 初级卵母细胞　　D. 卵泡细胞和次级卵母细胞
E. 卵泡细胞和初级卵母细胞

4. 对于啮齿类、食肉类动物的卵巢中有细胞形态和功能都相似于黄体的间质腺，这些间质腺细胞是由哪种细胞发育形成的(　　)

A. 卵原细胞　　B. 初级卵母细胞
C. 次级卵母细胞　　D. 成熟卵泡
E. 闭锁卵泡

5. 卵泡颗粒层的细胞是(　　)

A. 构成卵泡壁的颗粒细胞　　B. 构成卵丘的细胞
C. 构成透明带的细胞　　D. 卵泡膜内膜层细胞
E. 卵泡膜外膜层细胞

四、多选题

1. 关于卵巢的组织结构，下列描述正确的是(　　)

A. 家畜卵巢实质部分，均分为外周的皮质和中央的髓质
B. 卵巢皮质区有发育阶段不同的卵泡
C. 卵巢髓质为丰富的血管和结缔组织
D. 成年动物生殖上皮多呈立方或柱状
E. 反刍动物卵巢髓质区可见类似于睾丸网的卵巢网

2. 卵泡的发育过程包括(　　)

A. 原始卵泡　　B. 初级卵泡
C. 次级卵泡　　D. 成熟卵泡
E. 黄体

3. 下列关于卵泡细胞的描述，正确的是(　　)

A. 卵泡细胞在卵泡发育过程中增殖活跃
B. 卵泡细胞由单层扁平变为单层立方或柱状是卵泡开始生长的标志
C. 卵泡细胞分泌物可参与形成透明带
D. 在三级卵泡形成放射冠
E. 在三级卵泡形成颗粒层

4. 关于次级卵泡的结构特点，下列描述正确的是(　　)

A. 出现卵泡腔　　B. 卵泡膜不明显
C. 形成明显的透明带　　D. 形成放射冠

E. 形成卵丘

5. 排卵时，从卵泡中排出(　　)

A. 初级卵母细胞　　B. 次级卵母细胞

C. 放射冠　　D. 卵泡液

E. 透明带

6. 关于卵巢的功能，下列描述正确的是(　　)

A. 产生卵细胞　　B. 分泌雌激素

C. 分泌雄激素　　D. 分泌孕激素

E. 分泌促性腺激素

五、问答题

试述卵泡发育过程中的形态结构变化特点。

参考答案

一、名词解释

1. 排卵窝：成年马卵巢的皮质与髓质的位置相反，即皮质在中央，外周为髓质，在一侧有一凹陷称排卵窝。

2. 卵巢网：在一些反刍动物和肉食动物卵巢髓质内，可见由立方上皮形成的一些小管道，称卵巢网。

3. 门细胞：在卵巢门处有一类特殊的细胞称为门细胞，可分泌少量雄激素。

4. 生长卵泡：在动物性成熟后，在垂体前叶分泌的促卵泡激素的作用下，静止的原始卵泡开始生长发育，称为生长卵泡。

5. 透明带：在卵母细胞和卵泡细胞之间出现一层嗜酸性、折光强的膜状结构，称透明带。

6. 卵丘：由于卵泡腔的扩大及卵泡液的增多，使卵母细胞及其外周的颗粒细胞位于卵泡腔的一侧，并与周围的卵泡细胞一起凸入卵泡腔，形成丘状隆起，称为卵丘。

7. 放射冠：卵丘中紧贴透明带外表面的一层颗粒细胞，随卵泡发育而变为高柱状，呈放射状排列，称为放射冠。

8. 黄体：排卵后，卵泡壁塌陷，残留在卵泡壁的颗粒细胞和内膜细胞向腔内侵入，颗粒细胞分化成粒性黄体细胞，内膜细胞分化成膜性黄体细胞，两者均有内分泌功能。黄体细胞成群分布，夹有富含血管的结缔组织，周围仍有原来的卵泡外膜包裹，新鲜时呈黄色，称黄体。

二、填空题

1. 卵巢 2. 卵母；卵泡 3. 初级卵泡；次级卵泡；三级卵泡 4. 卵泡腔 5. 生发泡 6. 成熟卵泡 7. 血体；粒性黄体；膜性黄体 8. 白体

三、单项选择题

1. B 2. D 3. E 4. E 5. A

四、多选题

1. BCDE 2. ABCD 3. ABCDE 4. ABC 5. BCDE 6. ABCD

五、问答题

试述卵泡发育过程中的形态结构变化特点。

【参考答案】卵泡发育是指原始卵泡发育为成熟卵泡的生理过程。根据卵泡的发育特点，将卵泡分为原始卵泡、生长卵泡和成熟卵泡。其中生长卵泡要经历三个阶段，即初级卵泡、次级卵泡和三级卵泡。①原始卵泡是处于静止状态的卵泡，呈球形，由一个大而圆的初级卵母细胞及外围单层扁平的卵泡细胞组成，在单层扁平的卵泡细胞外有基膜。②初级卵泡：初级卵母细胞增大，卵泡细胞变为单层立方或柱状细胞。③次级卵泡：初级卵母细胞周围的卵泡细胞为复层立方或柱状细胞，卵母细胞与卵泡细胞之间形成明显的透明带，卵泡膜不明显。④三级卵泡：卵母细胞仍为初级卵母细胞，透明带增厚，卵泡中出现新月形的卵泡腔、形成放射冠和卵丘，颗粒层明显，卵泡膜分为内外两层，内膜有内分泌功能。⑤体积达到最大，向卵巢表面突出，卵泡腔最大，初级卵母细胞完成第一次成熟分裂，成为次级卵母细胞而排出。

第十七章　畜禽胚胎学

一、名词解释

1. 精子发生　2. 精子获能　3. 顶体反应　4. 卵激活　5. 卵裂
6. 桑葚胚　7. 囊胚　8. 附植　9. 组织发生　10. 胚泡的迁移

二、填空题

1. 根据卵黄物质的含量和分布情况，动物的卵子可分为三类：（　　　）、（　　　　　）和（　　　　　）。

2. 卵母细胞由输卵管伞收集后，进入（　　　　　）部等待受精。

3. 卵裂的方式大体分为全裂和不全裂，这与卵质中的（　　　　　）有关。

4. 根据屏障的构成，可将动物尿囊绒毛膜胎盘分为（　　　）、（　　　）、（　　　）和（　　　　　）。

三、单项选择题

1. 根据胎盘屏障结构胎盘可分为四类，牛、羊妊娠后期的胎盘属于(　　)

A. 上皮绒毛膜胎盘　　B. 内皮绒毛膜胎盘
C. 血绒毛膜胎盘　　D. 结缔组织绒毛膜胎盘
E. 子叶胎盘

2. 下列家畜的胎膜中哪两种胚层结构相同，但位置相反(　　)

A. 卵黄囊与尿囊　　B. 羊膜与卵黄囊
C. 羊膜与尿囊　　D. 绒毛膜与尿囊
E. 绒毛膜与羊膜

3. 猪的精子细胞染色体数目为19条，则该猪正常小肠上皮细胞的染色体数目表示正确的是(　　)

A. 2n＝36＋XY　　B. n＝36＋XX
C. 2n＝36＋ZW　　D. 2n＝36＋ZZ
E. 2n＝19＋XY

4. 受精时，精子穿入(　　)

A. 卵原细胞
B. 初级卵母细胞
C. 次级卵母细胞
D. 次级卵泡
E. 黄体细胞

5. 公畜精子产生、成熟和获能的部位分别是(　　)
A. 生精小管、附睾、输卵管
B. 生精小管、精囊腺、附睾内
C. 生精小管、附睾、母畜生殖管道
D. 直精小管、附睾、母畜生殖管道
E. 睾丸网、附睾、输卵管

6. 受精多发生于(　　)
A. 子宫体部或底部
B. 输卵管壶腹部
C. 输卵管峡部
D. 输卵管漏斗部
E. 输卵管子宫部

7. 透明带消失于(　　)
A. 胚泡形成后
B. 胚期
C. 桑椹胚形成后
D. 卵裂开始时
E. 植入后

四、多选题

1. 使精子获能的物质存在于(　　)
A. 卵泡液
B. 子宫
C. 输卵管
D. 附睾
E. 输精管

2. 胚泡植入的常见部位是(　　)
A. 子宫颈管
B. 子宫颈管内口
C. 子宫底部
D. 子宫体部
E. 子宫后壁

3. 羊水(　　)
A. 主要由羊膜分泌
B. 不断被羊膜吸收
C. 含脱落的上皮细胞
D. 含胎儿排泄物
E. 不断被胎儿吞饮

4. 羊水的作用是(　　)
A. 保护胎儿
B. 利于胎儿的活动和发育
C. 防止胎儿与羊膜粘连
D. 分娩时扩张宫颈、冲洗产道
E. 胎儿发育的主要营养来源

5. 胎盘的功能有(　)

A. 提供营养　　B. 气体交换

C. 分泌激素　　D. 排出胎儿代谢产物

E. 阻止多数致病微生物通过

五、问答题

1. 结合精子的运动简述精子的尾部结构。
2. 简述受精的意义及受精过程的主要环节。
3. 简述家畜早期胚胎发育的主要过程。

参考答案

一、名词解释

1. 精子发生：由精原细胞分裂分化形成精子的过程。

2. 精子获能：指哺乳动物附睾内或射出的精子必须在雌性生殖道内或在特定培养液中停留一段时间，在若干获能因子的作用下，经过一系列的变化，使精子获得穿透卵子透明带能力的生理过程。

3. 顶体反应：指精子质膜与顶体外膜发生点状融合并释放顶体内容物的过程。

4. 卵激活：由于精子与卵母细胞的融合，使处于休眠状态的卵母细胞恢复减数分裂并启动一系列代谢变化，最终导致细胞分裂，这个过程称为卵激活。

5. 卵裂：指受精卵最初发生的数次细胞分裂。

6. 桑葚胚：由于卵裂一直在透明带中进行，随着卵裂次数的增加，细胞数目不断增多，卵裂球体积逐渐减小，胚胎成为由许多卵裂球紧密聚合的实心球体，称桑葚胚。

7. 囊胚：桑椹胚继续发育，最终形成的内部具有空腔结构的胚泡。

8. 附植：又称着床，是指囊胚在子宫内进一步发育、迁移和定位，最终与子宫壁建立密切联系的过程。

9. 组织发生：指在胚胎发育过程中，由三个胚层进一步发生细胞分化而产生四类基本组织的过程。

10. 胚泡的迁移：指胚泡在子宫中游动，最终确定附值位置的过程。

二、填空题

1. 均黄卵；中等端黄卵；极端端黄卵　2. 输卵管壶腹　3. 卵黄的含量及

其分布情况 4. 上皮绒毛膜胎盘；结缔绒毛膜胎盘；内皮绒毛膜胎盘；血绒毛膜胎盘

三、单项选择题

1. D 2. E 3. A 4. C 5. C 6. B 7. A

四、多项选择题

1. BC 2. CDE 3. ABCDE 4. ABCD 5. ABCDE

五、问答题

1. 结合精子的运动简述精子的尾部结构。

【参考答案】精子的尾部也称鞭毛，是精子的运动器官。精子的尾部分为中段、主段和末段，整个尾部的中心都贯穿着由微管构成的轴丝。轴丝的结构与纤毛的轴丝相似，中央为一对单微管，外周为九组二联微管，中央微管起传导作用，外周微管通过微管间的滑动能够使尾部运动。中段是尾部最粗的一段，其线粒体鞘为精子运动提供能量。主段是尾部最长的一段，在轴丝外面只有七条致密纤维，这种致密纤维的不对称分布，使精子尾部向单侧摆动，促进精子向前运动。末段是尾部最短最细的一段，致密纤维和尾鞘消失，仅剩下轴丝和质膜。

2. 简述受精的意义及受精过程的主要环节。

【参考答案】受精是两性配子相互融合，形成一个新的细胞——合子的过程，它标志着胚胎发育的开始。受精具有两方面的意义：一是来自雌雄双亲基因组的结合，染色体由配子时的单倍体数目恢复到个体的二倍体；二是激活卵子，受精使其从休眠状态苏醒过来并转入积极的活动状态，从而启动胚胎发育。受精是一个极其复杂、有序而协调的配子间相互作用，包括配子经受精前的各种准备以达到充分成熟（包括精子获能、顶体反应、卵母细胞的受精准备)、精子穿过卵丘和放射冠、精子附着和穿过透明带、精子与卵子的融合、卵母细胞的激活、皮质反应与多精受精的阻止、精子核在卵胞质内的解凝、原核的形成和融合。

3. 简述家畜早期胚胎发育的主要过程。

【参考答案】①卵裂与桑葚胚：卵裂是指受精卵最初发生的数次细胞分裂，所产生的子细胞称为卵裂球；随着卵裂次数的增加，细胞数目不断增多，卵裂球体积逐渐减小，胚胎成为由许多卵裂球紧密聚合的实心球体，形似桑葚，称为桑葚胚。桑葚胚形成时出现的特征性的现象是胚胎的密实化。②囊胚：随着桑葚胚的继续发育，卵裂球开始分泌液体，致使卵裂球之间逐渐出现一些含液体的小腔隙，并逐渐汇合扩大，在胚胎内部出现空腔，此时的胚胎称为囊胚，形成的腔称为囊胚腔。囊胚是胚胎进行原肠作用的基础。随着囊胚的进一步发育，腔内液体增加而继续扩大，胚胎呈扩张状，透明带变薄，此时称扩张囊胚。不久，囊胚从透明带中孵出，称孵出囊胚。扩张的囊胚滋养层分泌类胰蛋白酶，对透明带进行有限的分解，加之囊胚扩张的压力，使透明带局部软化破裂，囊胚从破裂口脱出，外形上变为透明的泡状，改称为胚泡。大多数哺乳动物的胚胎附植，发生在胚胎孵化之后。③胚胎的附植：初期的胚泡仍然游离于子宫腔内，随着后期胚泡的不断变大，腔内液体的继续增多，胚泡在子宫内的运动受到限制，胚泡与子宫上皮间的物质交换日益增强，此时胚胎与母体子宫黏膜自然接触，并在一定位置上固定下来，这个过程为胚胎的附植。胚胎附植是家畜妊娠过程中最为关键的阶段，胚胎附植的成败是早期胚胎存活的关键，在母畜妊娠初期，要特别注意保胎。在附植过程中，胚胎滋养外胚层细胞分泌类固醇激素，作为化学信号作用于子宫上皮，抑制子宫上皮分泌前列腺素。维持功能性黄体的存在，通过产生孕酮维持子宫内膜的功能，支持早期胚胎发育，最终形成胚胎和母体物质交换的胎盘。④原肠胚：胚胎细胞通过剧烈而有序地运动，使囊胚细胞重新组合，形成由外胚层、中胚层和内胚层三胚层构成的结构，这个过程称原肠胚的形成，此时的胚胎称原肠胚，由内胚层和中胚层包围形成的新腔称原肠。通过原肠作用，胚胎细胞首先从未分化状态出现最早的三胚层分化，其次是形成的不同胚层细胞之间发生相互诱导作用，为胚胎形成结构复杂的有机体奠定基础。在家畜和家禽中，原肠形成的开始都是以原条出现为标志。伴随发育的进行，原条不断地变窄并向胚盘中心延伸。在原条向前端延伸的同时，原条长轴中央形成一条沟槽样结构，称为原沟。原条的形成确定了胚体的方向，胚体将以原条为中轴发育，原条生长的方向为胚体的头部。⑤神经胚：是原肠胚继续发育形成的新阶段，脊椎动物在这个阶段主要发育形成神经系统的原基，即神经管。

组织学制片技术

参 考 文 献

董常生，2015. 家畜组织学与胚胎学实验指导［M］. 3 版. 北京：中国农业出版社.
孟运莲，2004. 现代组织学与细胞学技术［M］. 武汉：武汉大学出版社.
沈霞芬，卿素珠，2016. 家畜组织学与胚胎学［M］. 5 版. 北京：中国农业出版社.
滕可导，2014. 动物组织学与胚胎学实验指导［M］. 2 版. 北京：中国农业大学出版社.
赵振华，1993. 家畜病理学实验指导［M］. 北京：农业出版社.

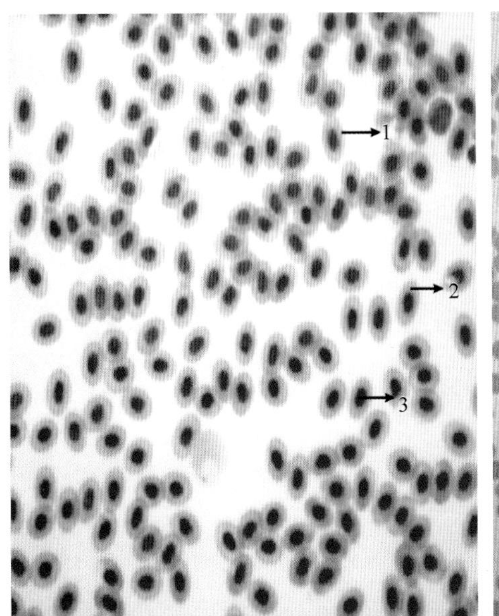

附图 1-1　鸡血液涂片（瑞氏染色，高倍）

1. 细胞膜　2. 细胞质　3. 细胞核

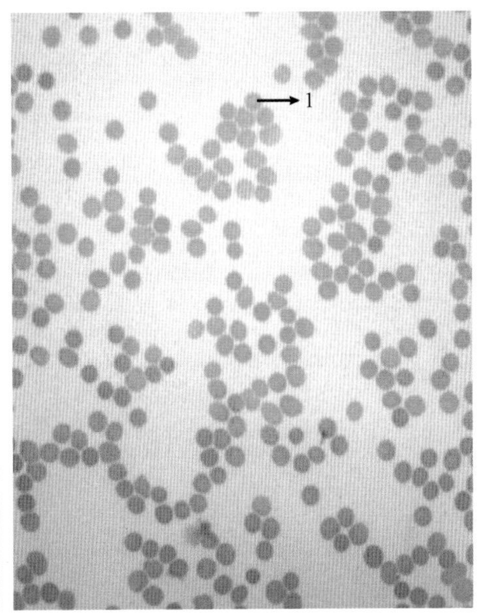

附图 1-2　驴血液涂片（瑞氏染色，高倍）

1. 红细胞

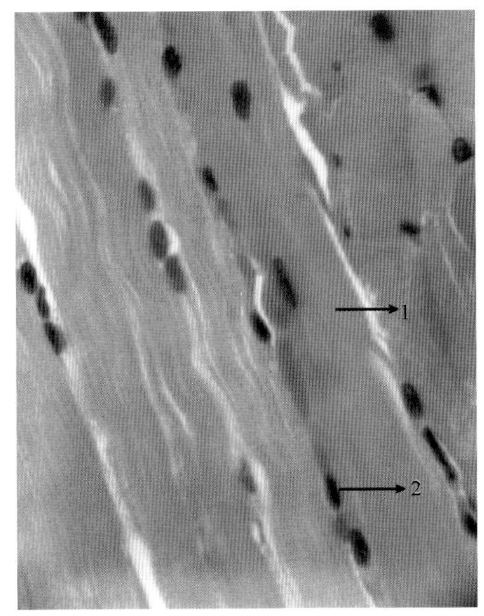

附图 1-3　骨骼肌纵切面（HE 染色，高倍）

1. 骨骼肌纤维　2. 细胞核

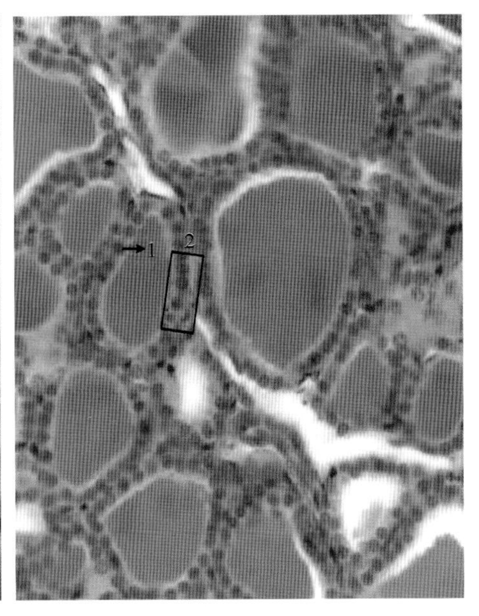

附图 1-4　甲状腺（HE 染色，高倍）

1. 立方形细胞细胞核

2. 单层排列的立方上皮细胞

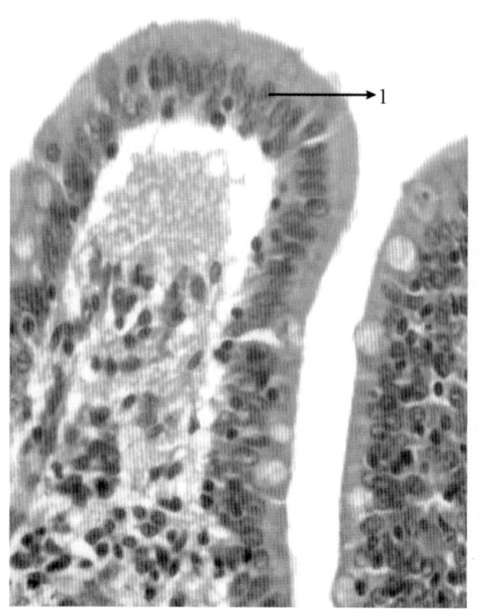

附图 1－5　十二指肠（HE 染色，高倍）

1. 柱状细胞细胞核

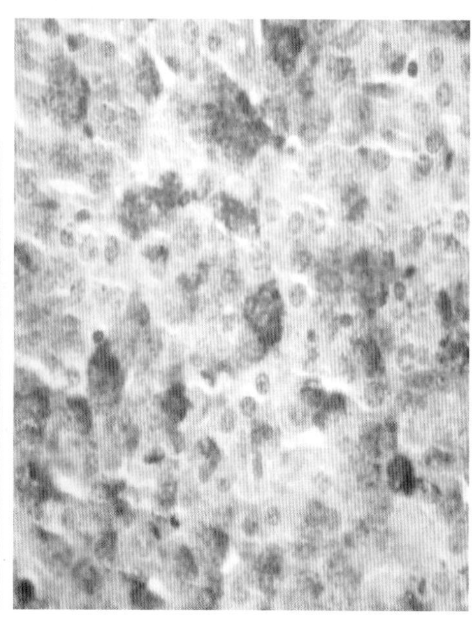

附图 1－6　肝脏（PAS 染色，高倍）

图片中的紫红色颗粒为肝糖原

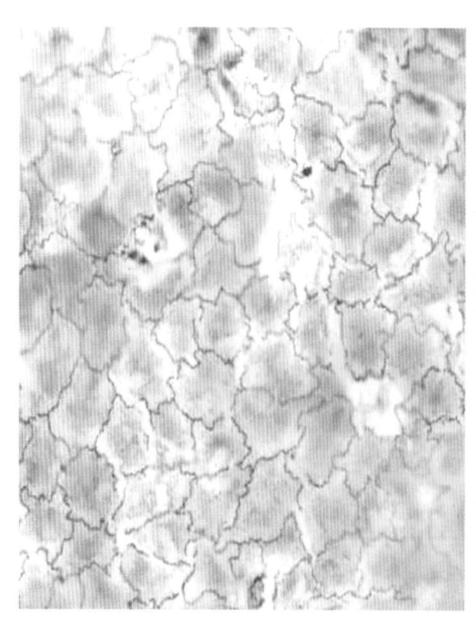

附图 2－1　肠系膜（镀银染色法，高倍）

此图为单层扁平上皮表面观，可见扁平细胞呈不规则形，细胞边缘呈锯齿状或波浪状相互嵌合

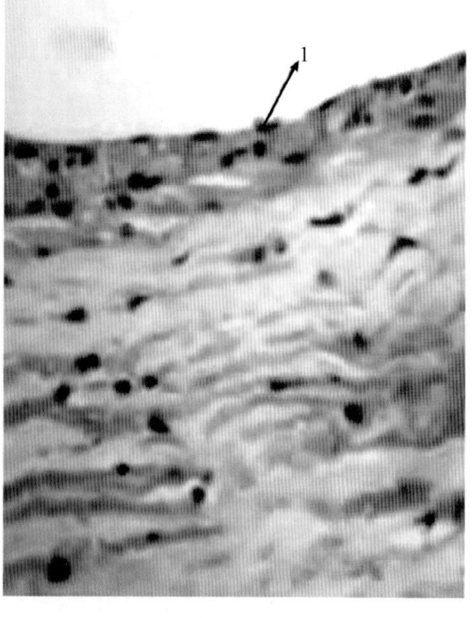

附图 2－2　中静脉（HE 染色，高倍）

此图为单层扁平上皮侧面观，可见上皮细胞胞质少，细胞核凸向管腔

1. 扁平上皮细胞的细胞核

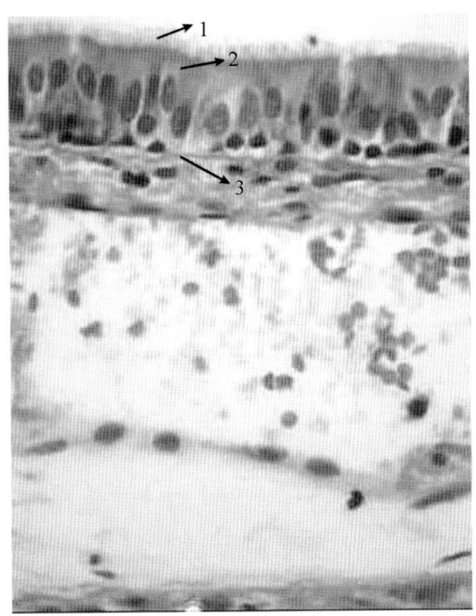

附图 2-3　兔气管（HE 染色，高倍）

1. 纤毛　2. 柱状细胞　3. 基膜

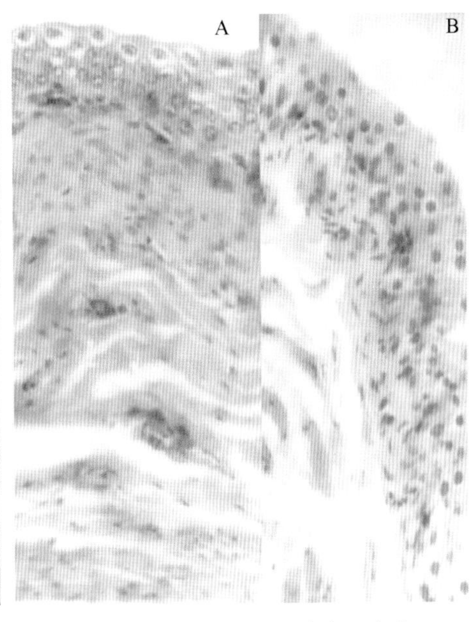

附图 2-4　膀胱（HE 染色，高倍）

A 图为膀胱空虚状态　B 图为膀胱充盈状态

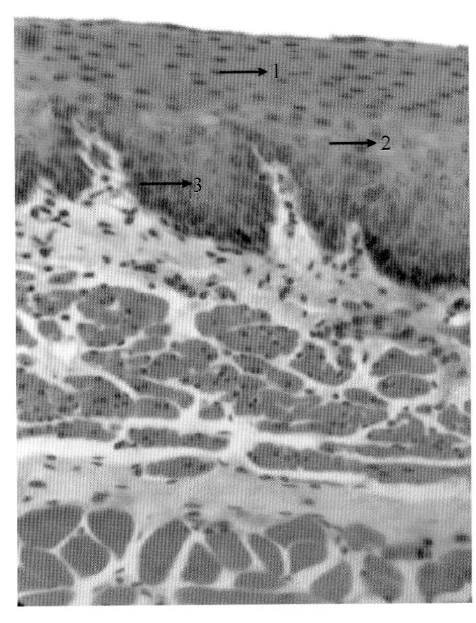

附图 2-5　复层扁平上皮（HE 染色，高倍）

1. 表层细胞　2. 中间层细胞

3. 基底层细胞

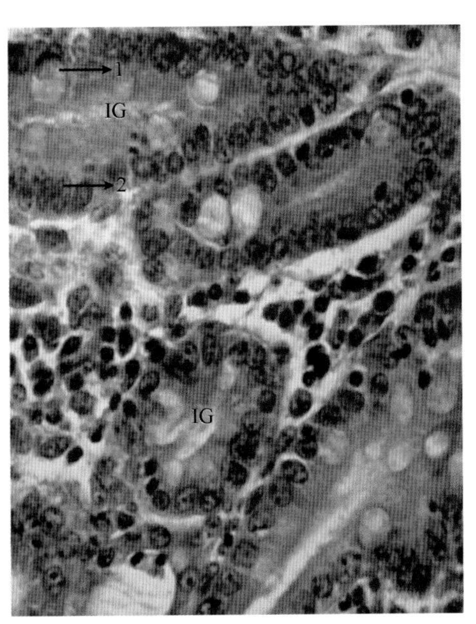

附图 2-6　羊十二指肠（HE 染色，高倍）

IG：肠腺

1. 杯状细胞　2. 柱状细胞

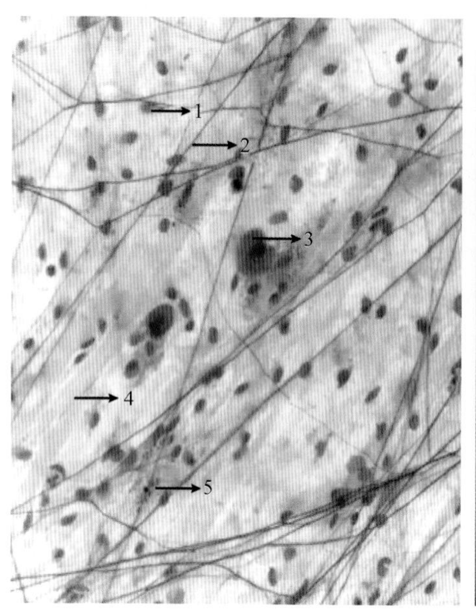

图 3-1　疏松结缔组织（间苯二酚-复红染色，高倍）

1. 成纤维细胞　2. 弹性纤维　3. 肥大细胞　4. 胶原纤维　5. 巨噬细胞

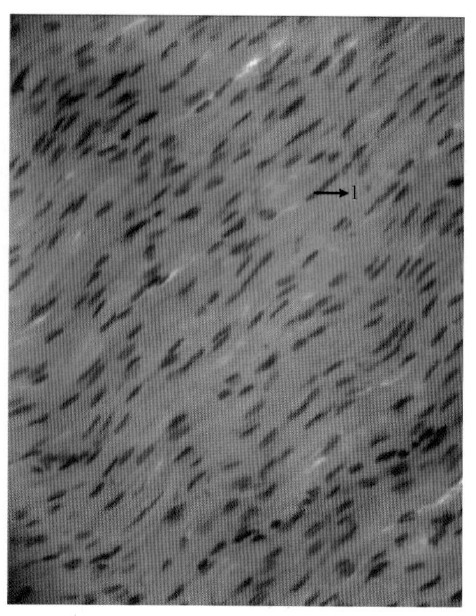

附图 3-2　肌腱（HE 染色，高倍）

1. 腱细胞的细胞核

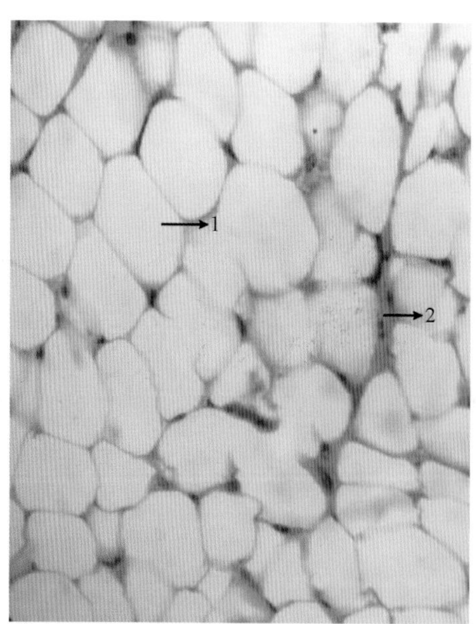

附图 3-3　脂肪组织（HE 染色，高倍）

1. 脂肪细胞　2. 脂肪组织间结缔组织

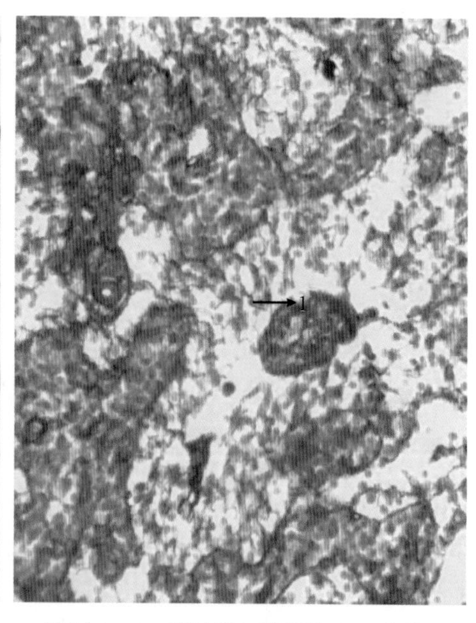

附图 3-4　淋巴结（镀银染色，高倍）

1. 网状纤维

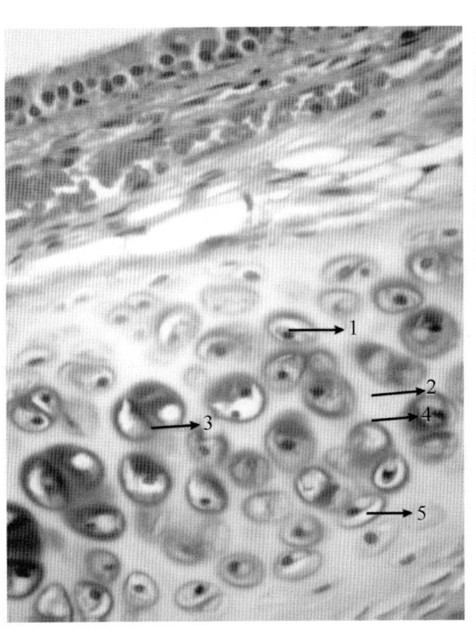

附图 4-1　兔气管（HE 染色，高倍）

1. 软骨细胞　2. 基质　3. 同源细胞群

4. 软骨囊　5. 软骨陷窝

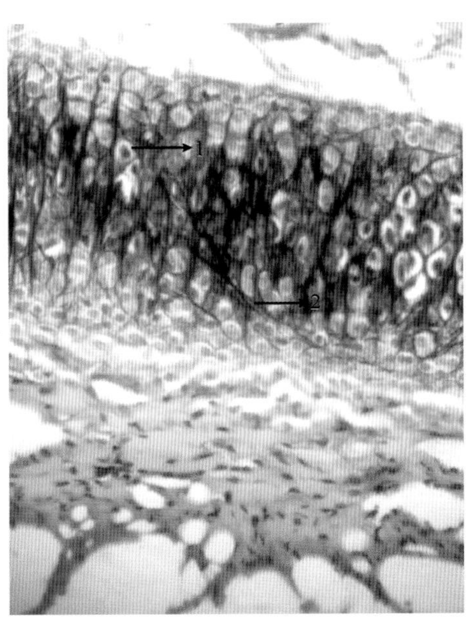

图 4-2　弹性软骨（Weigert's 染色，HE 复染，高倍）

1. 软骨细胞　2. 弹性纤维

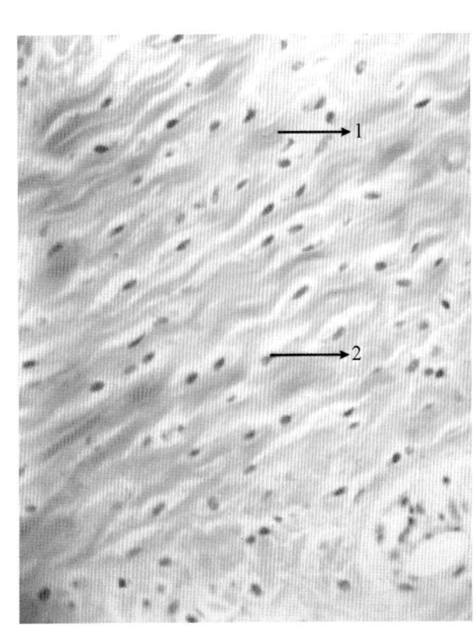

附图 4-3　羊椎间盘（HE 染色，高倍）

1. 胶原纤维束　2. 软骨细胞

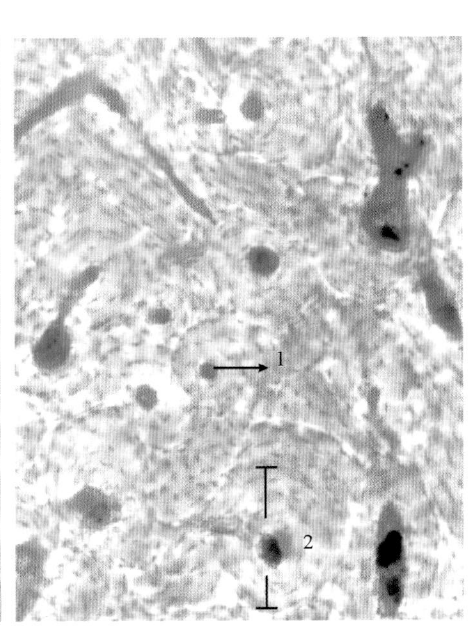

附图 4-4　密质骨磨片（高倍）

1. 哈佛管　2. 哈佛系统（骨单位）

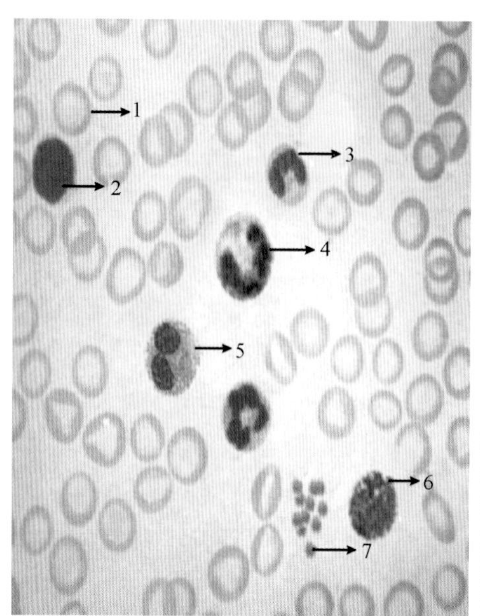

附图 5－1　牛血涂片（瑞氏染色，油镜）

1. 红细胞　2. 淋巴细胞　3. 中性粒细胞　4. 单核细胞　5. 嗜酸性粒细胞　6. 嗜碱性粒细胞　7. 血小板

图片来源：董常生，主编，《家畜组织胚胎学实验指导》（第 2 版）

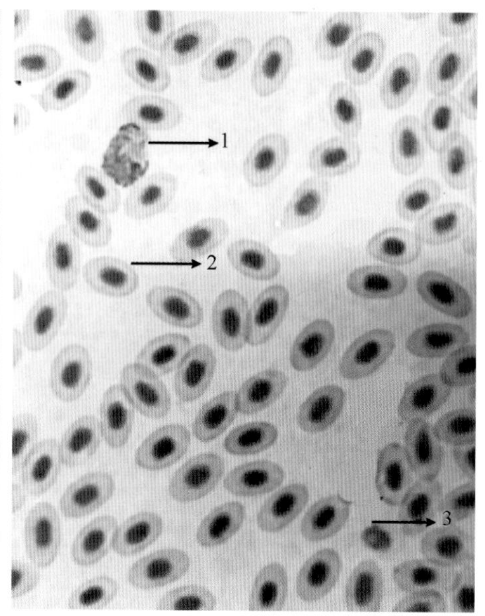

附图 5－2　鸡血涂片（瑞氏染色，高倍）

1. 中性粒细胞　2. 红细胞　3. 凝血细胞

图片来源：腾可导，主编，《动物组织学与胚胎学实验指导》（第 2 版）

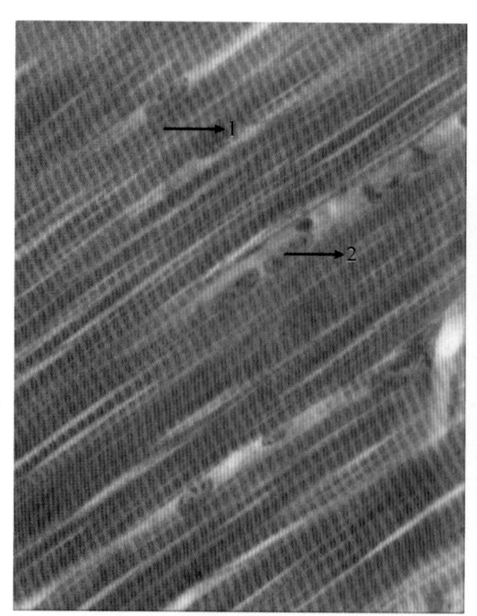

附图 6－1　骨骼肌纵切（铁苏木素染色，高倍）

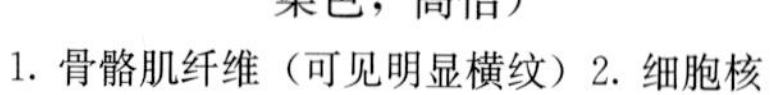
1. 骨骼肌纤维（可见明显横纹）2. 细胞核

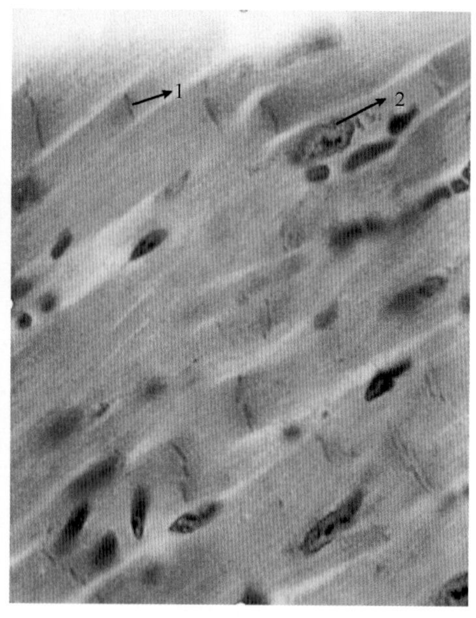

附图 6－2　心肌纵切（铁苏木精染色，高倍）

1. 闰盘　2. 心肌细胞细胞核

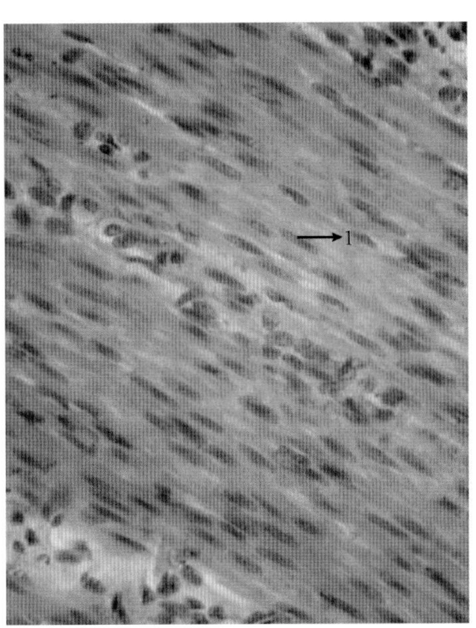

附图 6-3　羊十二指肠（HE 染色，高倍）

1. 平滑肌细胞细胞核

平滑肌纤维在组织中常成层分布，胞质在 HE 染色中呈嗜酸性，胞质界限不清晰

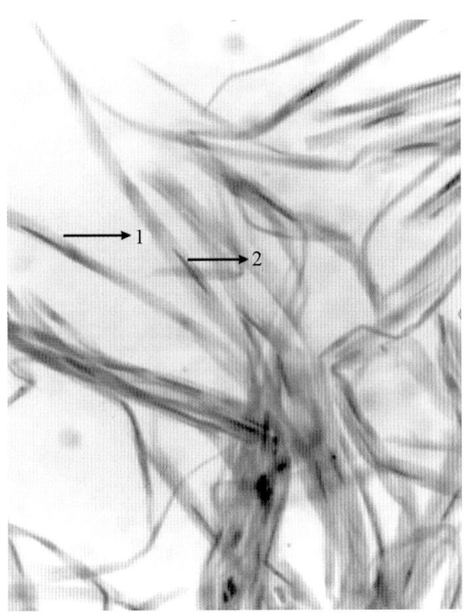

附图 6-4　平滑肌分离装片（HE 染色，高倍）

1. 平滑肌纤维

2. 平滑肌纤维细胞核

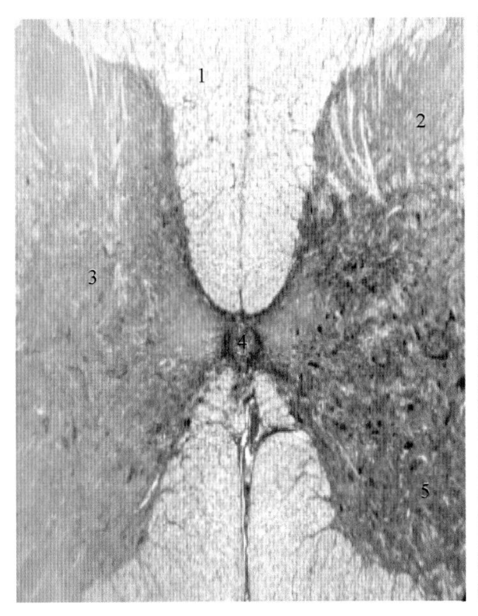

附图 7-1　脊髓（银染，低倍）

1. 白质　2. 背角　3. 灰质

4. 脊髓中央管　5. 腹角

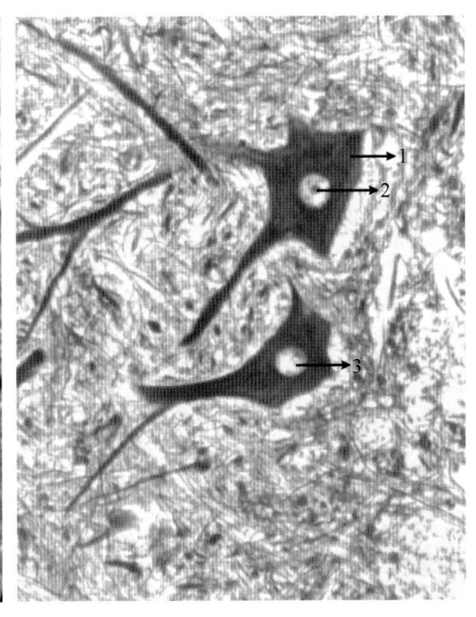

附图 7-2　脊髓（银染，高倍）

1. 多极神经元　2. 核仁

3. 多极神经元细胞核

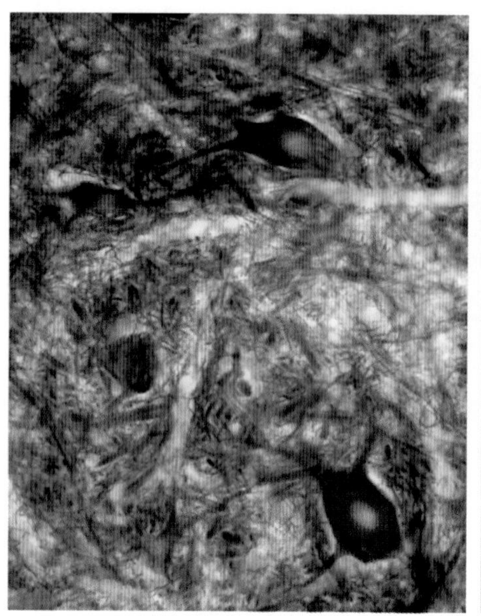

附图 7-3　脊髓（镀银染色，高倍）
胞体和树突中的棕黑色细丝为神经原纤维

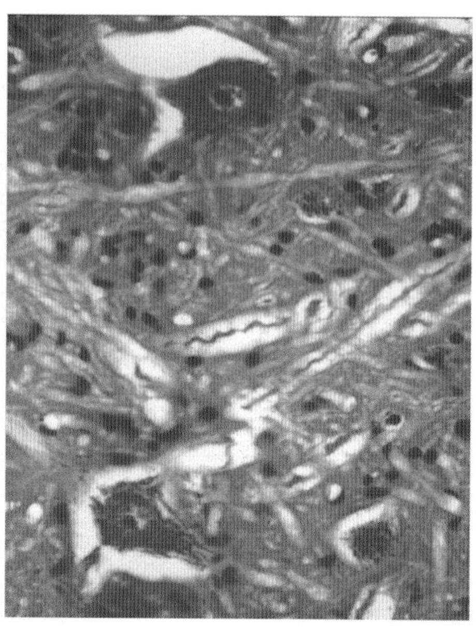

附图 7-4　脊髓（HE 染色，高倍）
神经元胞体和树突中的蓝色颗粒或斑块为尼氏体

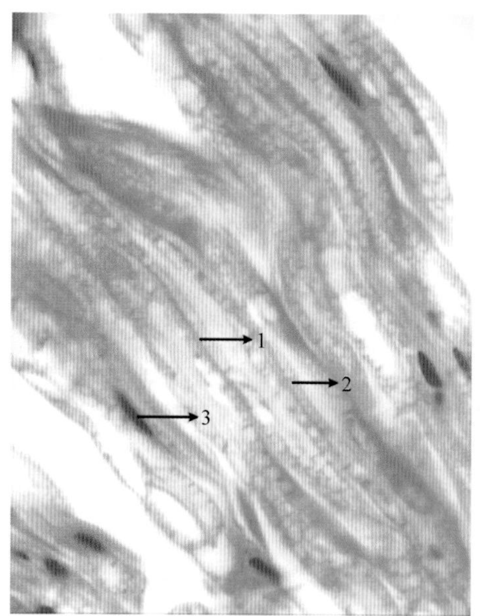

附图 7-5　坐骨神经纵切面（HE 染色，油镜）
此图为有髓神经纤维纵切观
1. 轴索　2. 髓鞘
3. 神经膜细胞的胞核

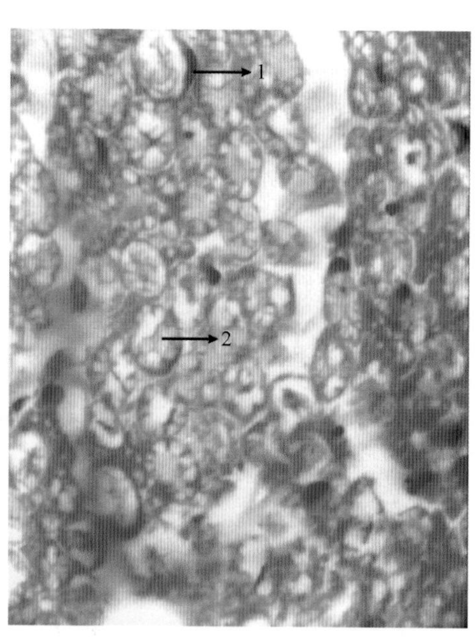

附图 7-6　坐骨神经横切面（HE 染色，油镜）
此图为有髓神经纤维横切观
1. 神经膜细胞的胞核
2. 有髓神经纤维横切面

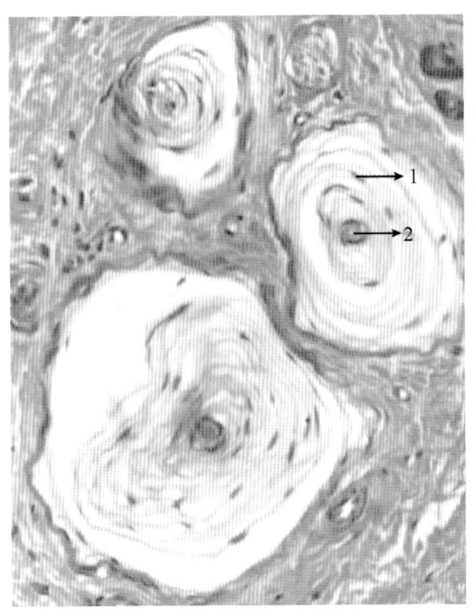

附图 7－7　环层小体（HE 染色，高倍）

1. 内棍　2. 扁平细胞细胞核

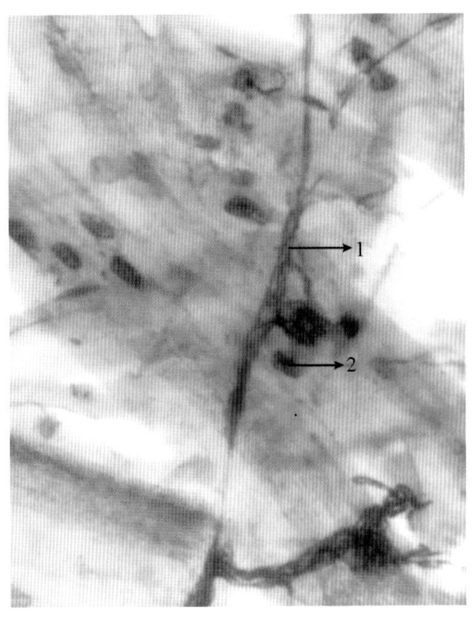

附图 7－8　运动终板（氯化金染色，高倍）

1. 有髓神经纤维　2. 运动终板

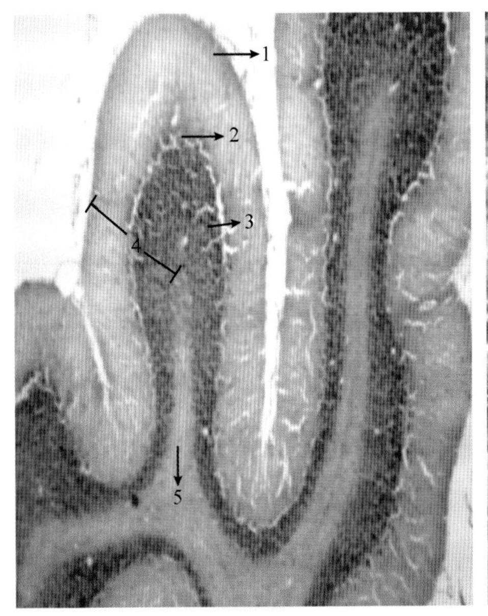

附图 7－9　猪小脑（HE 染色，低倍）

1. 分子层　2. 浦肯野细胞层　3. 颗粒层

4. 小脑皮质　5. 小脑髓质

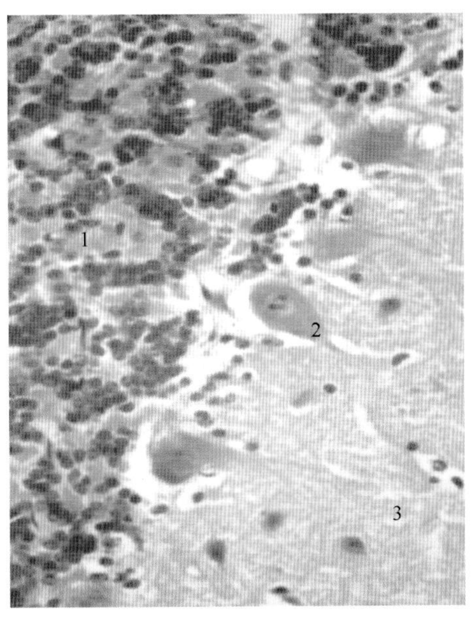

附图 7－10　猪小脑（HE 染色，高倍）

1. 颗粒层　2. 浦肯野细胞层　3. 分子层

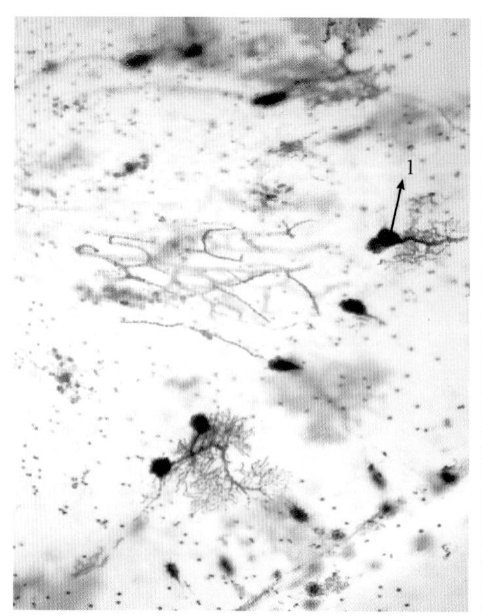

附图 7－11　小脑（银染，低倍）
1. 浦肯野细胞

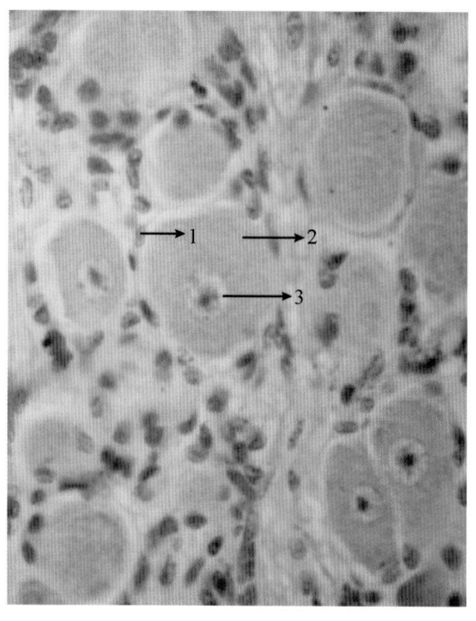

附图 7－12　脊神经节（HE 染色，高倍）
1. 卫星细胞　2. 假单极神经元　3. 细胞核

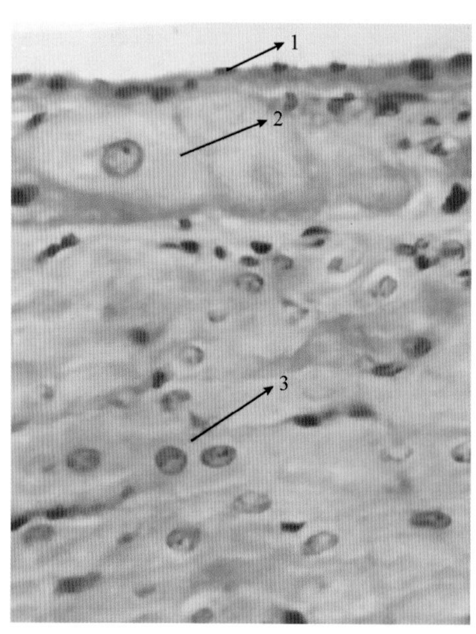

附图 8－1　心壁（HE 染色，高倍）
1. 心内皮　2. 浦肯野纤维　3. 心肌纤维

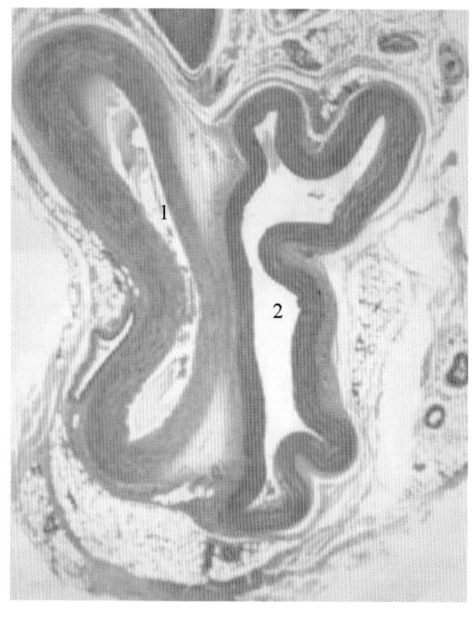

附图 8－2　中动脉、中静脉（HE 染色，低倍）
1. 中动脉　2. 中静脉

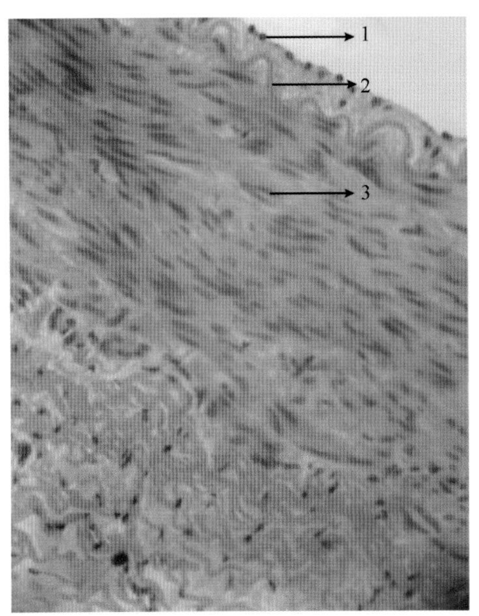

附图 8-3　中动脉（HE 染色，高倍）

1. 内皮　2. 内弹性膜　3. 平滑肌纤维

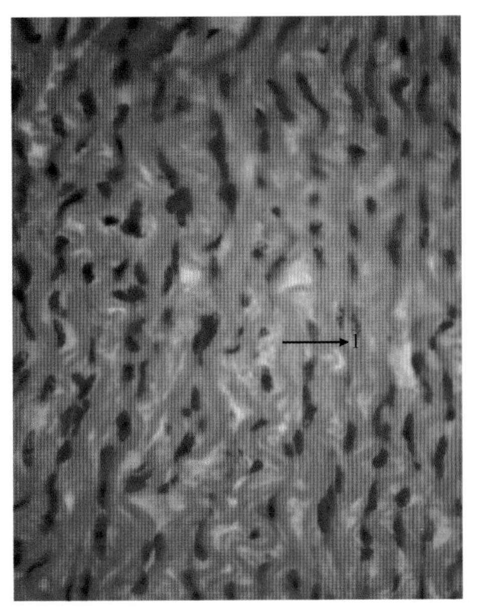

附图 8-4　羊大动脉（HE 染色，高倍）

该图为羊大动脉中膜层结构图

1. 弹性膜

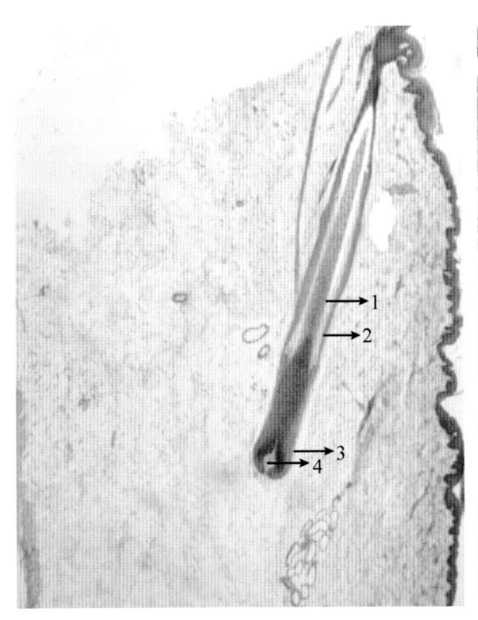

附图 9-1　有毛皮肤（HE 染色，低倍）

1. 毛根　2. 毛囊　3. 毛球　4. 毛乳头

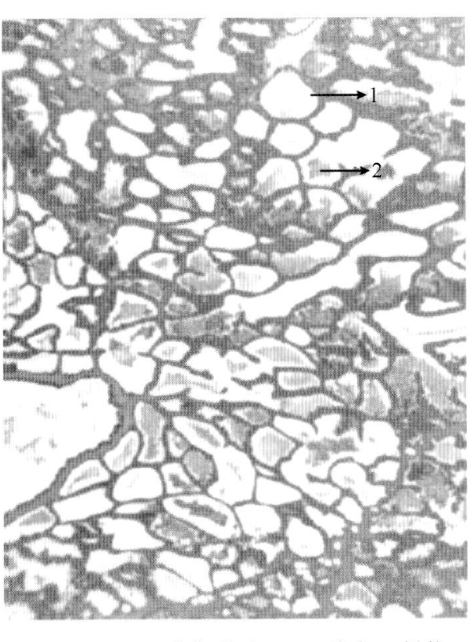

附图 9-2　泌乳期乳腺（HE 染色，低倍）

1. 腺小叶内腺泡　2. 乳汁

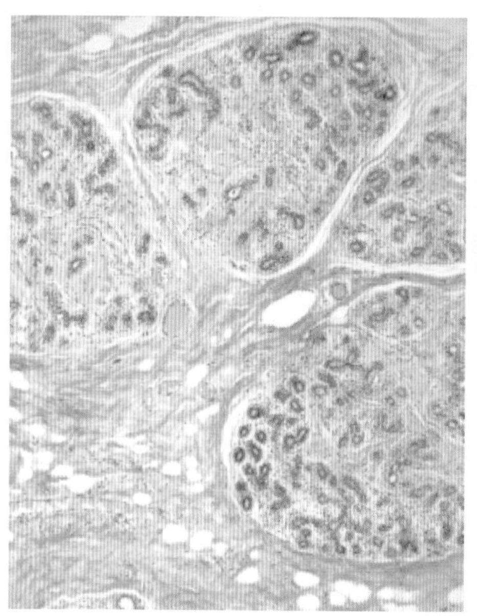

附图 9－3　静止期乳腺（HE 染色，低倍）
静止期乳腺腺泡数量少，腺间结缔组织发达

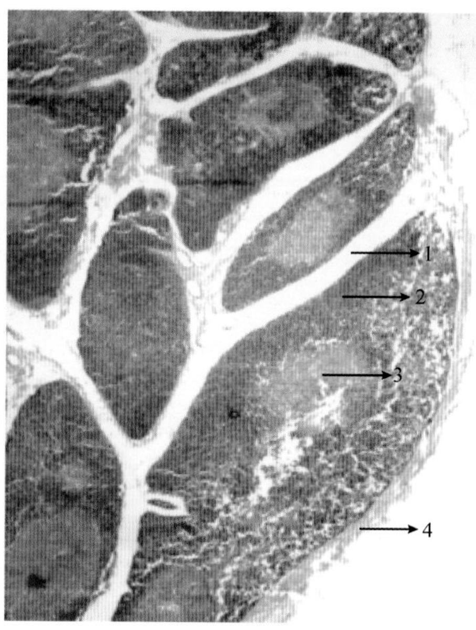

附图 10－1　猪胸腺（HE 染色，低倍）
1. 小叶间隔　2. 胸腺皮质　3. 胸腺髓质　4. 被膜

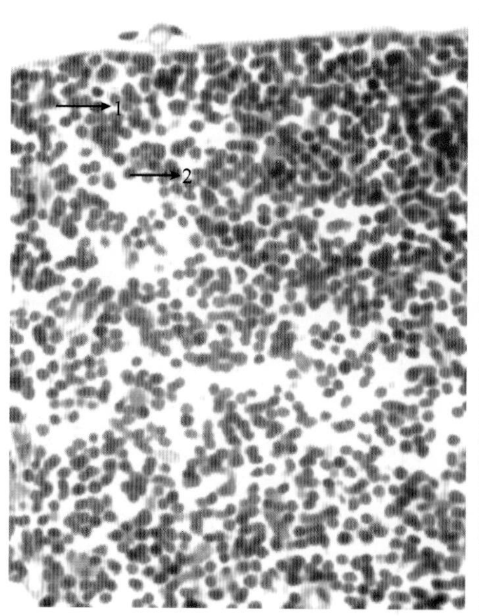

附图 10－2　猪胸腺（HE 染色，高倍）
1. 上皮性网状细胞　2. 胸腺细胞

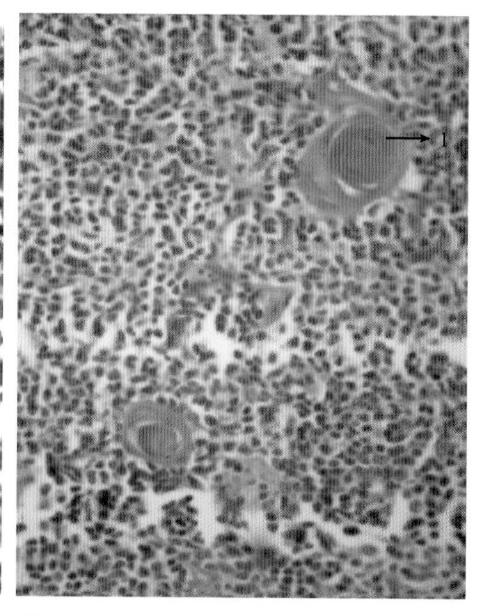

附图 10－3　猪胸腺髓质（HE 染色，高倍）
1. 胸腺小体

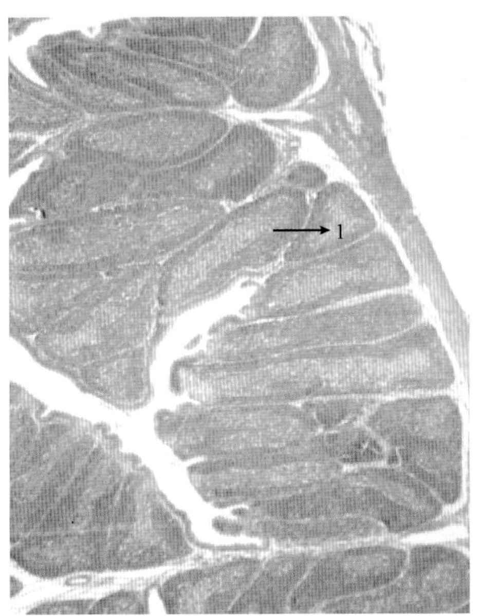

附图 10－4　鸡法氏囊（HE 染色，低倍）

1. 法氏囊小结

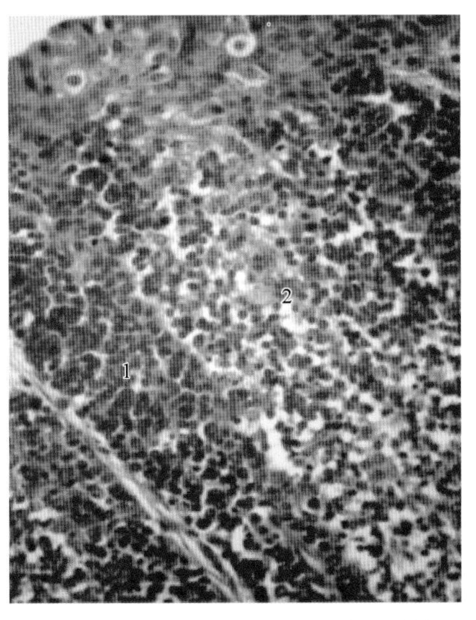

附图 10－5　鸡法氏囊（HE 染色，高倍）

1. 法氏囊小结皮质　2. 法氏囊小结髓质

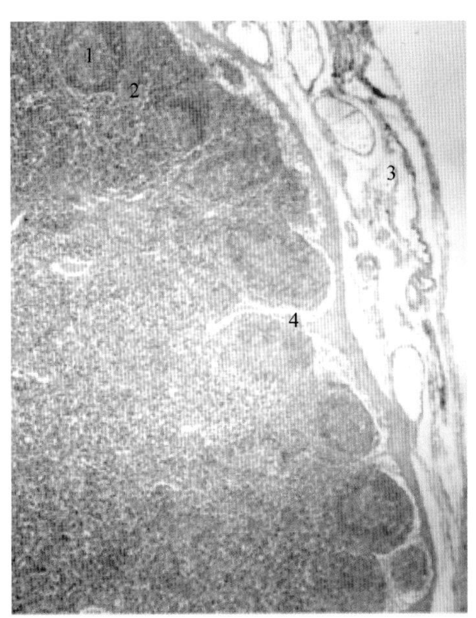

附图 10－6　羊淋巴结（HE 染色，低倍）

此图为羊淋巴结皮质区

1. 淋巴小结　2. 副皮质区

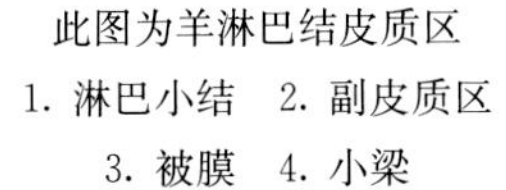

3. 被膜　4. 小梁

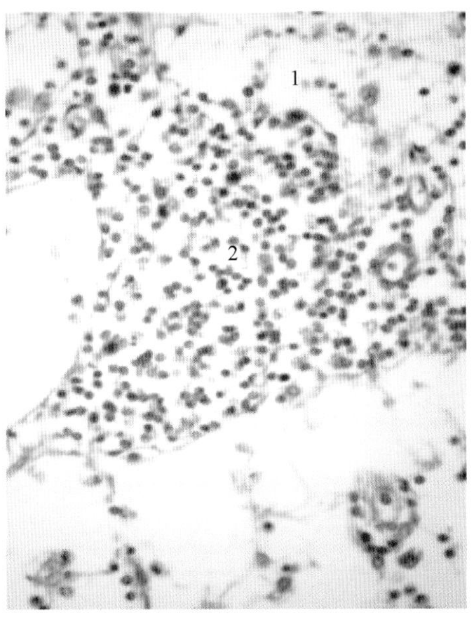

附图 10－7　羊淋巴结（HE 染色，高倍）

此图为羊淋巴结髓质区

1. 髓窦　2. 髓索

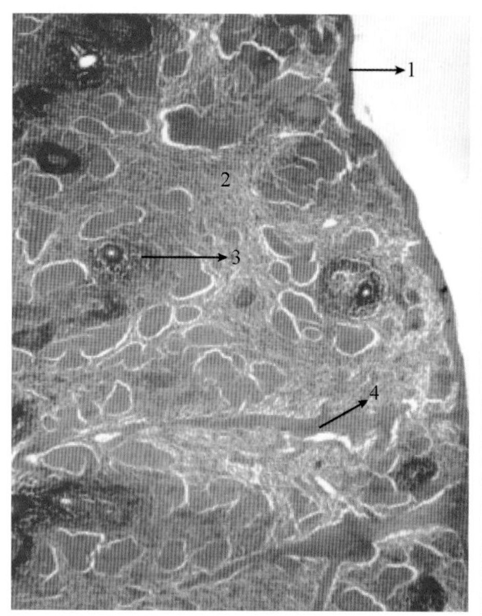

附图 10－8　羊脾（HE 染色，低倍）

1. 被膜　2. 红髓　3. 白髓　4. 小梁

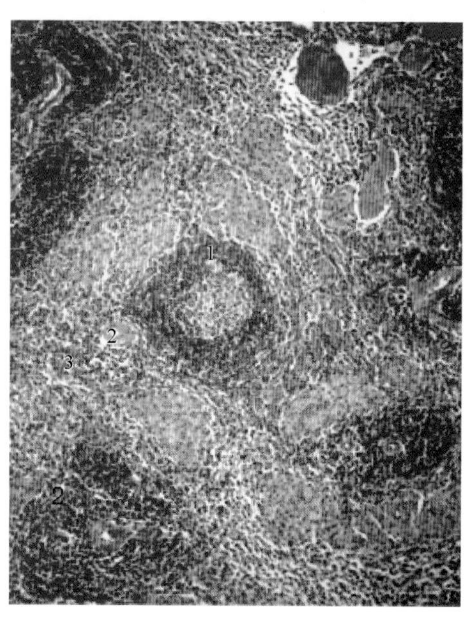

附图 10－9　羊脾（HE 染色，高倍）

1. 脾小结　2. 中央动脉　3. 动脉周围淋巴鞘

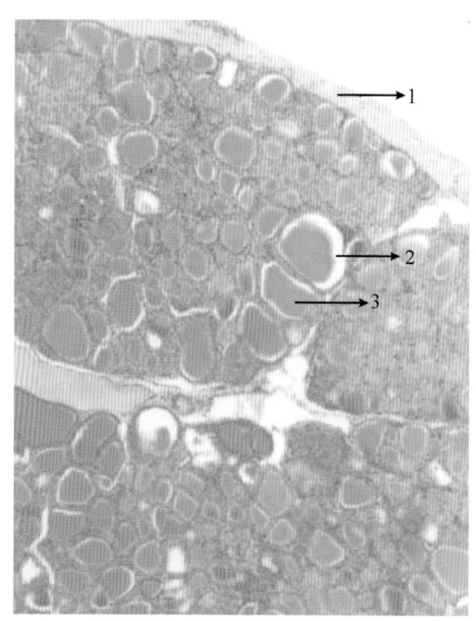

附图 11－1　羊甲状腺（HE 染色，低倍）

1. 被膜　2. 滤泡腔　3. 胶体

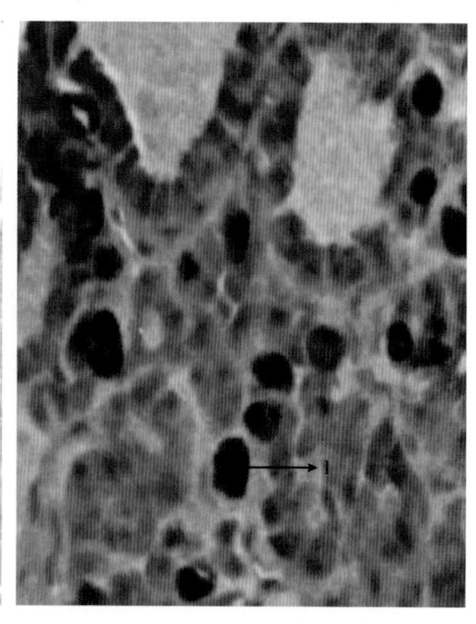

附图 11－2　甲状腺（银染，高倍）

1. 甲状腺滤泡旁细胞

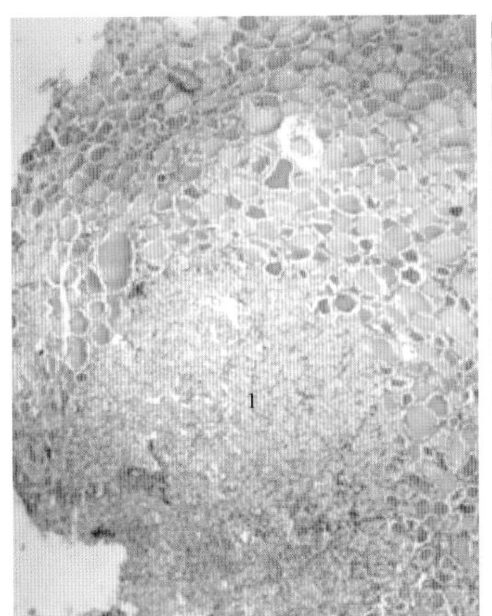

附图 11－3　羊甲状旁腺（HE 染色，低倍）
1. 甲状旁腺

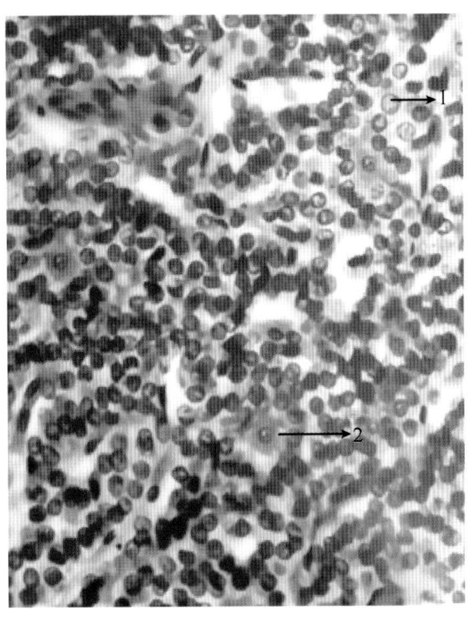

附图 11－4　羊甲状旁腺（HE 染色，高倍）
1. 主细胞　2. 嗜酸性细胞

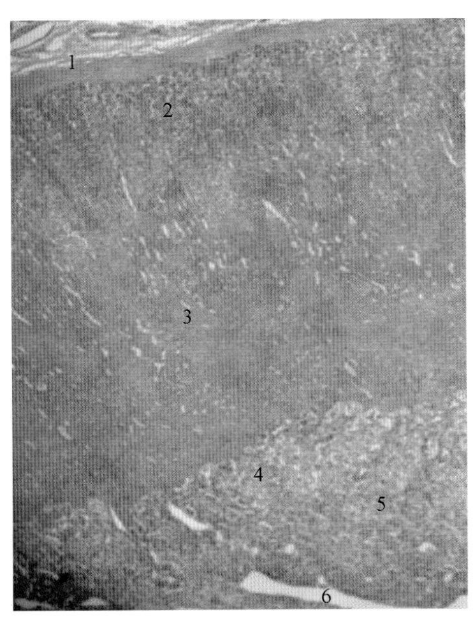

附图 11－5　羊肾上腺（HE 染色，低倍）
1. 结缔组织被膜　2. 多形带　3. 束状带
4. 网状带　5. 髓质　6. 髓质中央静脉

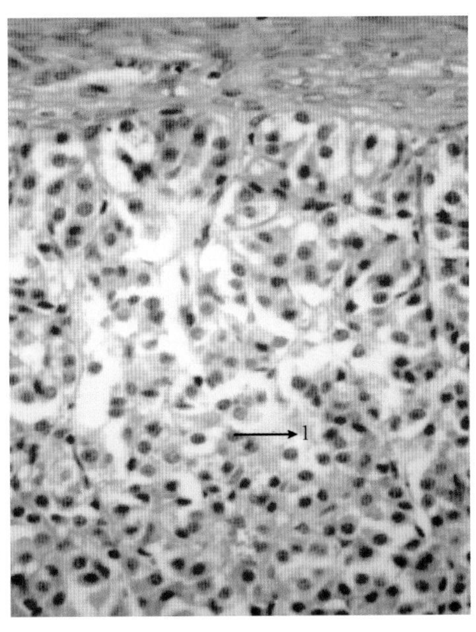

附图 11－6　羊肾上腺（HE 染色，高倍）
1. 多形带细胞

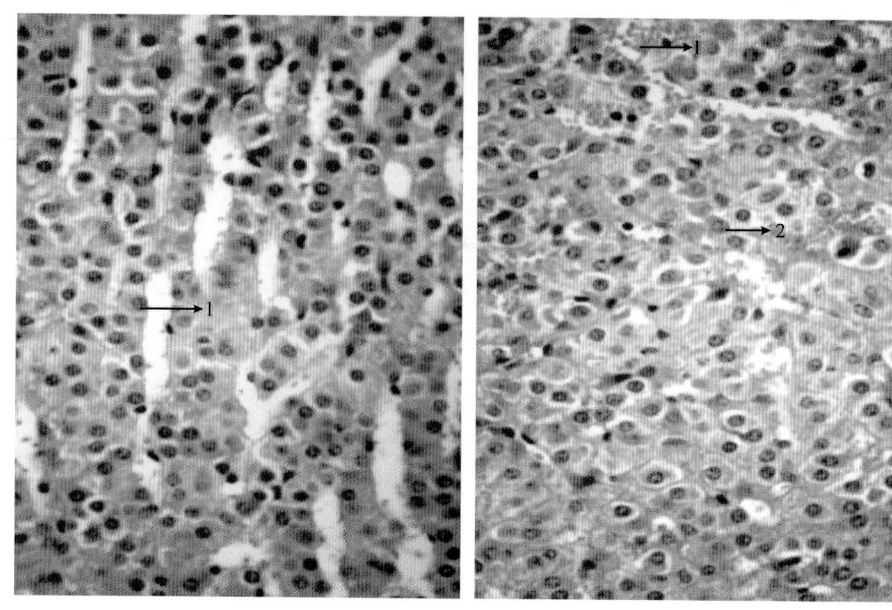

附图 11－7　羊肾上腺（HE 染色，高倍）
1. 束状带细胞

附图 11－8　羊肾上腺（HE 染色，高倍）
1. 毛细血管　2. 网状带细胞

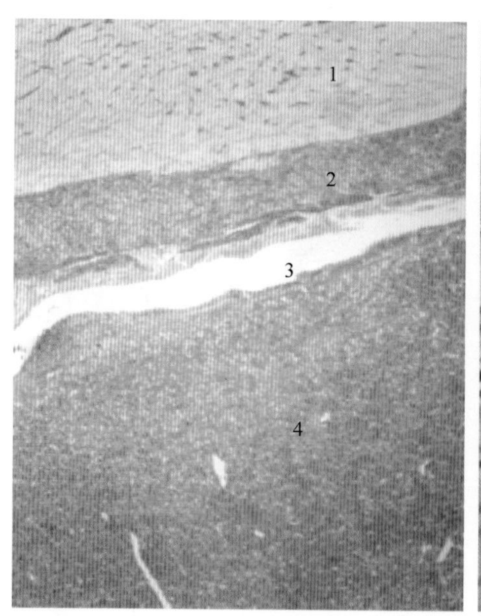

附图 11－9　羊垂体（HE 染色，低倍）
1. 神经部　2. 中间部　3. 垂体裂　4. 远侧部

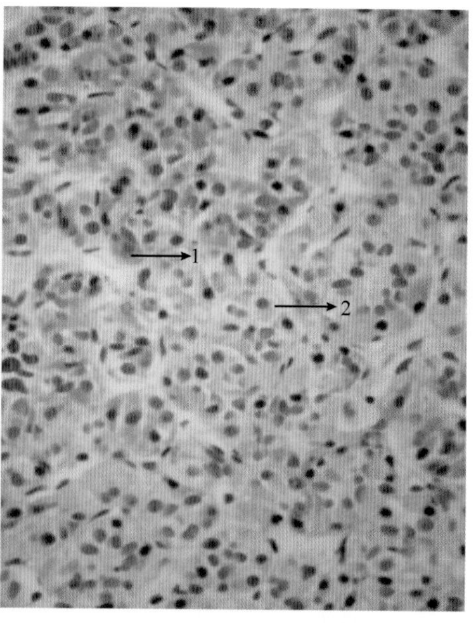

附图 11－10　羊垂体（HE 染色，高倍）
1. 嗜酸性细胞　2. 嫌色细胞

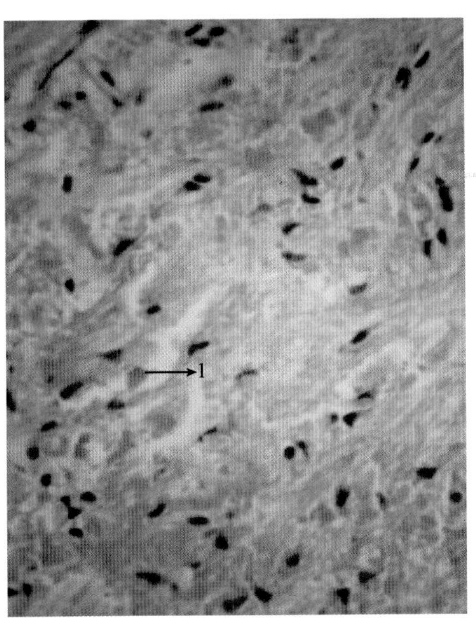

附图 11－11　羊脑垂体（HE 染色，高倍）

1. 赫令小体

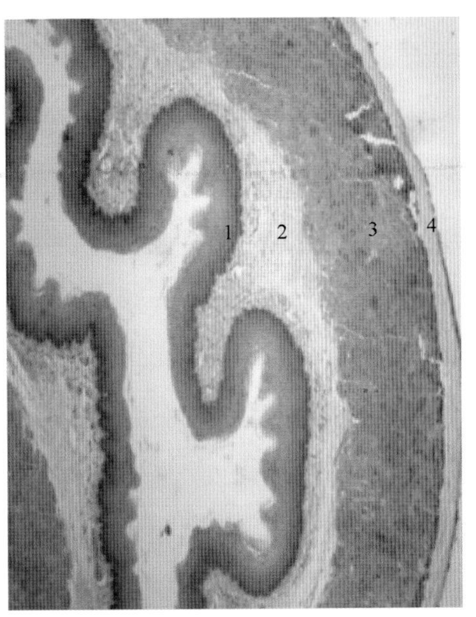

附图 12－1　兔食管横切面（HE 染色，低倍）

1. 黏膜层　2. 黏膜下层
3. 肌层　4. 外膜

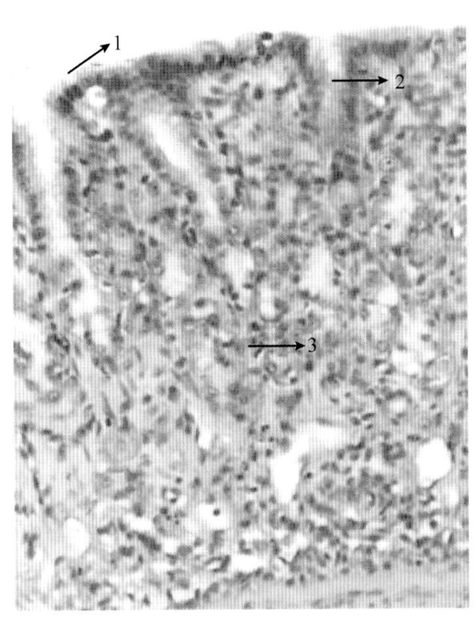

附图 12－2　胃底（HE 染色，高倍）

1. 单层柱状上皮　2. 胃小凹　3. 壁细胞

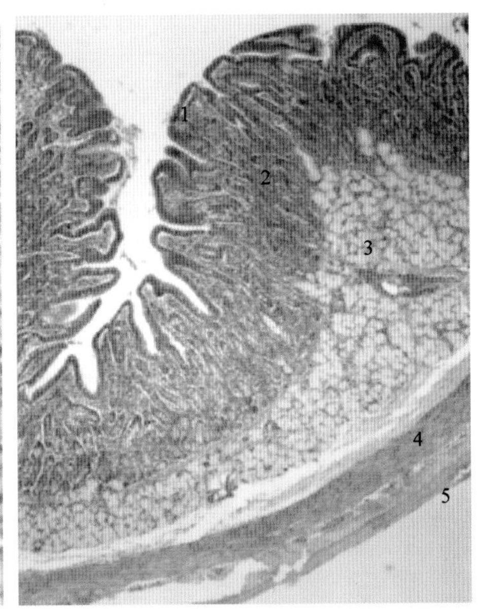

附图 12－3　羊十二指肠横切（HE 染色，低倍）

1. 绒毛　2. 黏膜层　3. 黏膜下层
4. 肌层　5. 浆膜

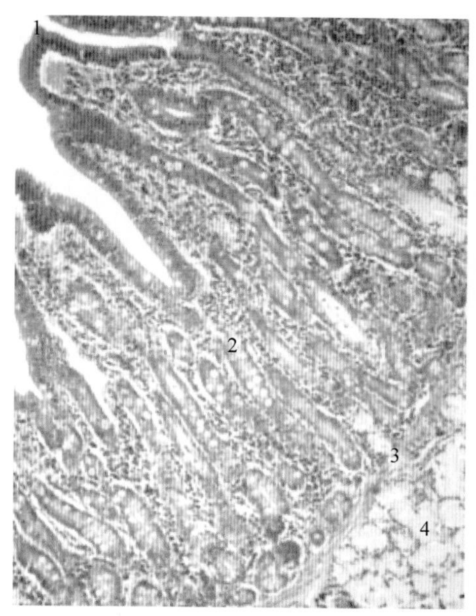

附图 12－4　羊十二指肠（HE 染色，高倍）

1. 绒毛　2. 肠腺　3. 黏膜肌

4. 十二指肠腺

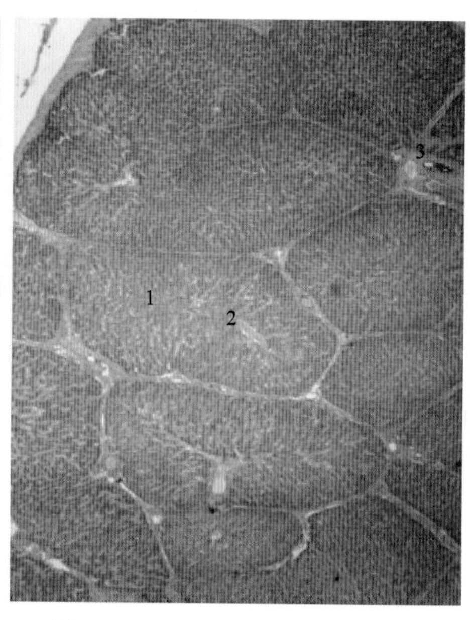

附图 12－5　猪肝（HE 染色，低倍）

1. 肝小叶　2. 中央静脉

3. 门管区

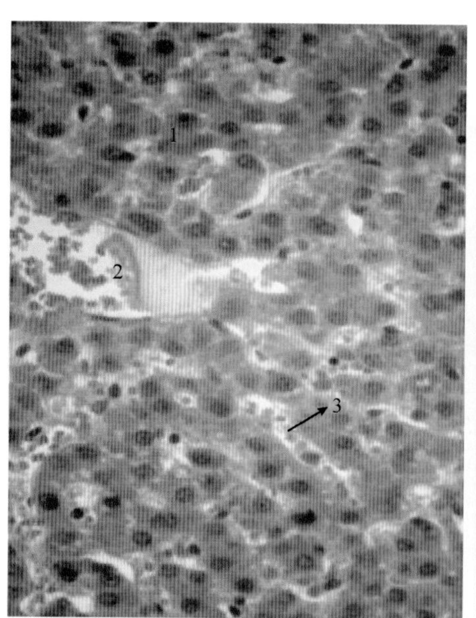

附图 12－6　猪肝（HE 染色，高倍）

1. 肝板　2. 中央静脉

3. 肝血窦

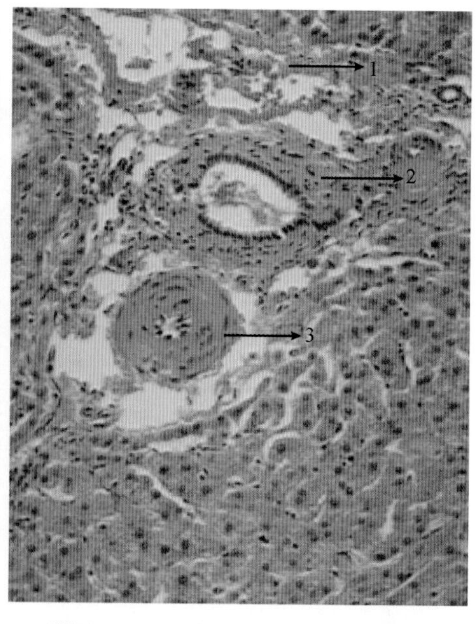

附图 12－7　猪肝（HE 染色，高倍）

1. 小叶间静脉　2. 小叶间胆管

3. 小叶间动脉

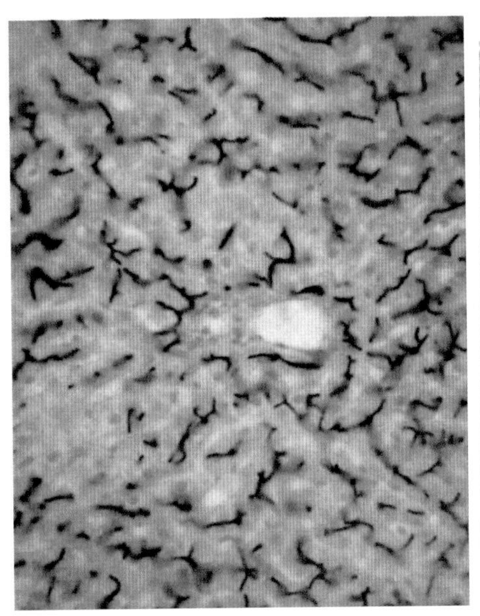

附图 12－8　肝脏（银染，高倍）
图中棕黑色网状线条即为胆小管

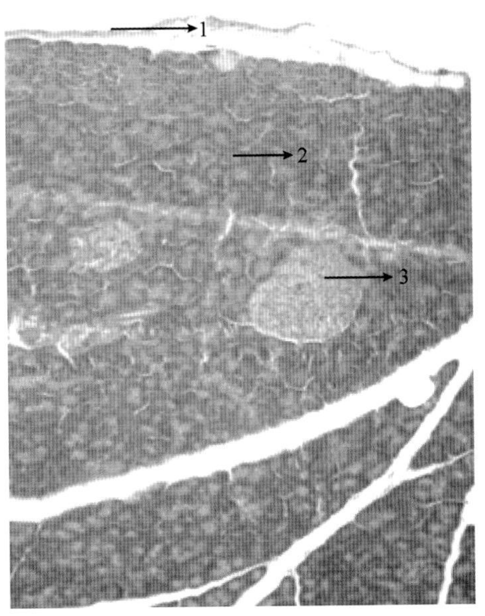

附图 12－9　豚鼠胰腺（HE 染色，低倍）
1. 被膜　2. 腺泡　3. 胰岛

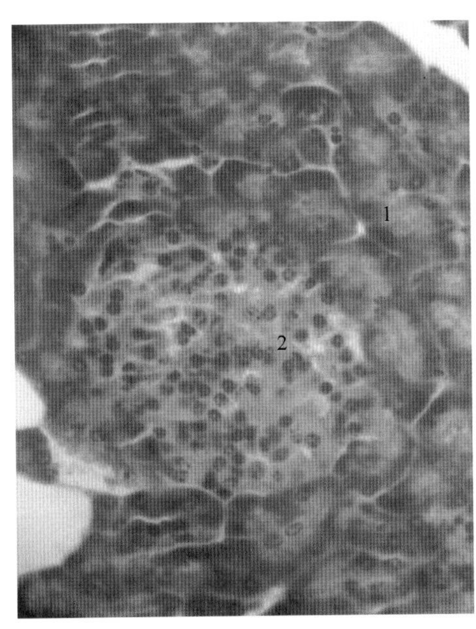

附图 12－10　豚鼠胰腺（HE 染色，高倍）
1. 腺泡　2. 胰岛

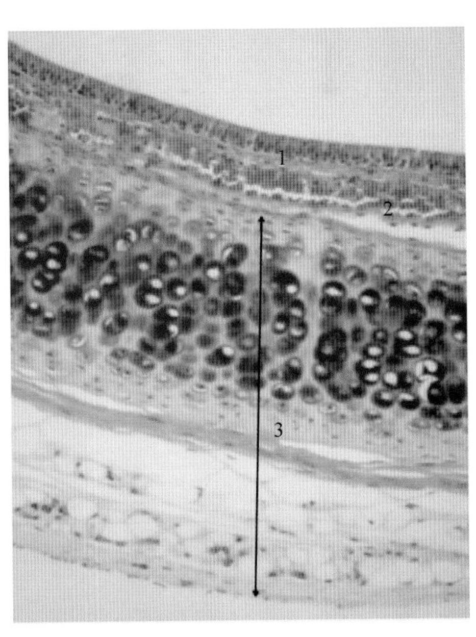

附图 13－1　兔气管（HE 染色，低倍）
1. 黏膜层　2. 黏膜下层　3. 外膜

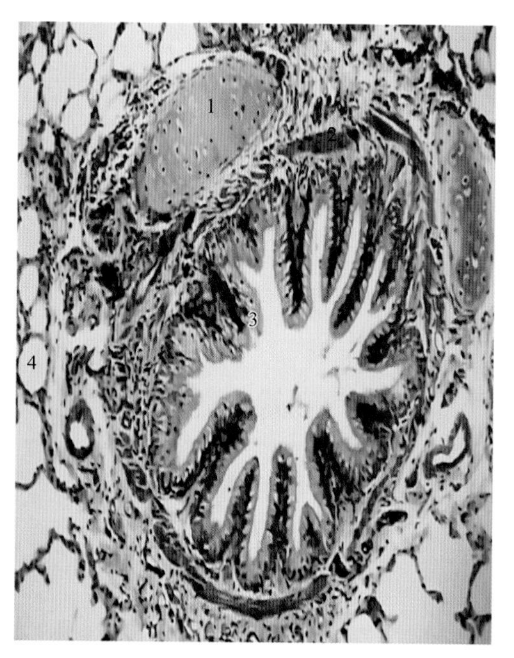

附图 13 - 2　牛肺（HE 染色，低倍）

1. 透明软骨片　2. 平滑肌　3. 假复层纤毛柱状上皮　4. 肺泡

图片来源：沈霞芬、卿素珠，主编，《家畜组织胚胎学》（第 5 版），卿素珠供图

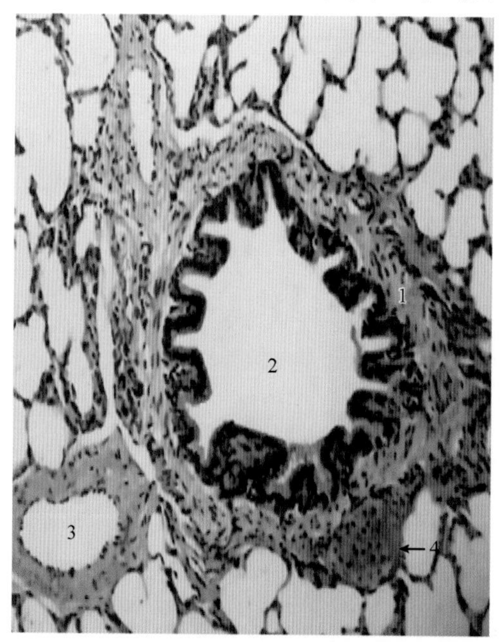

附图 13 - 3　牦牛肺（HE 染色，低倍）

1. 平滑肌　2. 细支气管管腔　3. 肺动脉　4. 透明软骨片

图片来源：沈霞芬、卿素珠，主编，《家畜组织胚胎学》（第 5 版），崔燕供图

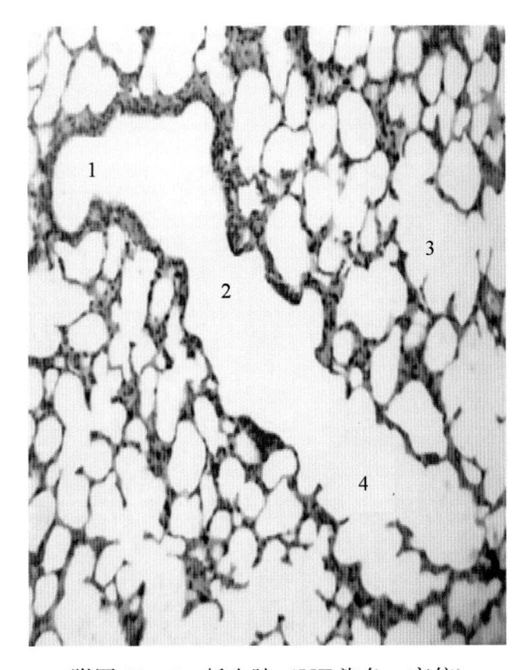

附图 13-4　牦牛肺（HE 染色，高倍）

1. 终末细支气管　2. 呼吸性细支气管　3. 肺泡囊　4. 肺泡管

图片来源：沈霞芬、卿素珠，主编，《家畜组织胚胎学》（第 5 版），崔燕供图

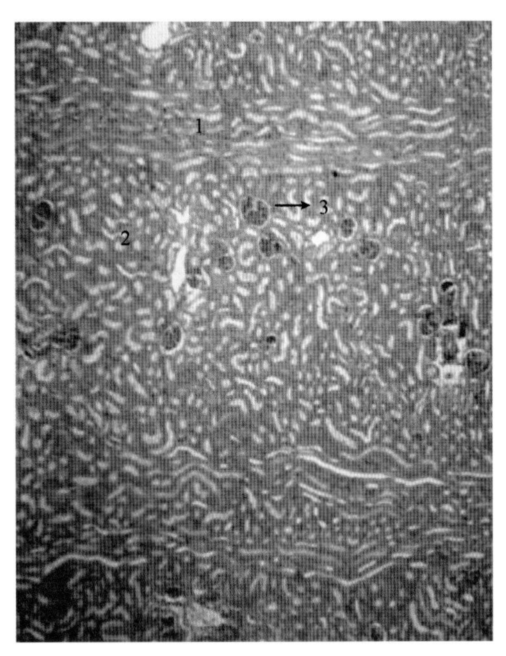

附图 14-1　猪肾（HE 染色，低倍）

1. 髓放线　2. 皮质迷路　3. 肾小体

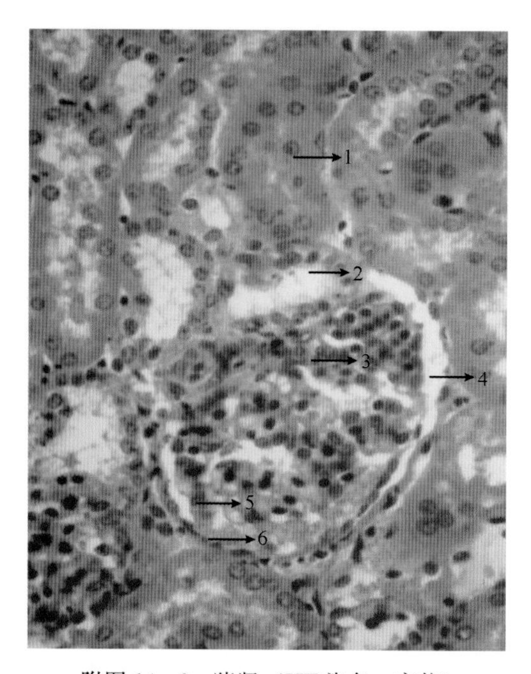

附图 14－2　猪肾（HE 染色，高倍）

1. 近端小管曲部　2. 远端小管曲部　3. 血管球　4. 肾小囊腔
5. 脏细胞　6. 肾小囊壁层细胞

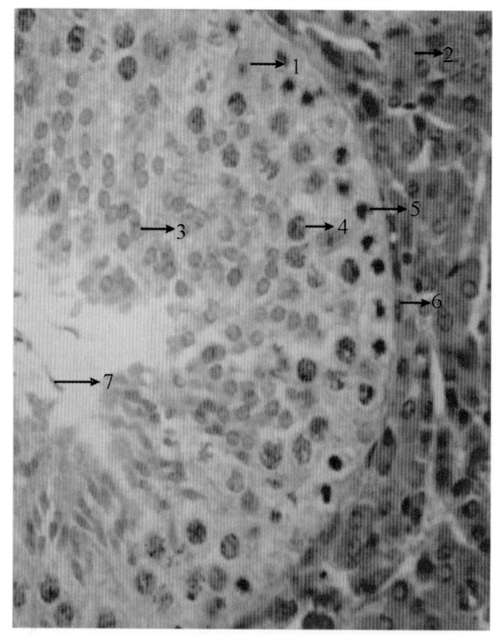

附图 15－1　睾丸（HE 染色，高倍）

1. 支持细胞　2. 睾丸间质细胞　3. 精子细胞　4. 初级精母细胞
5. 精原细胞　6. 肌样细胞　7. 精子

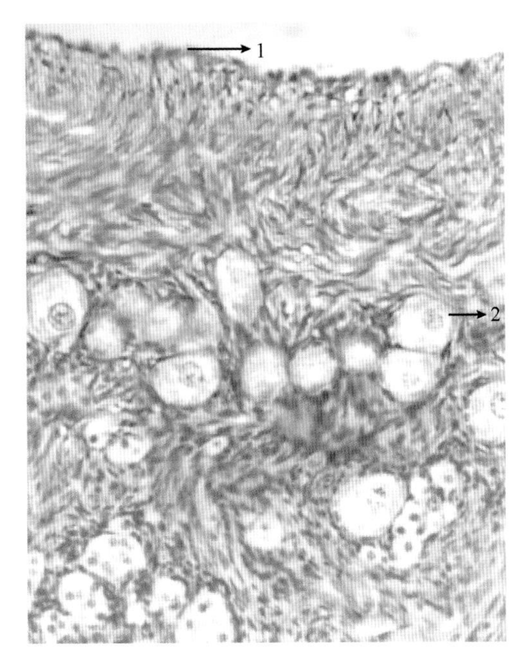

附图 16－1　兔卵巢（HE 染色，高倍）

1. 生殖上皮　2. 原始卵泡

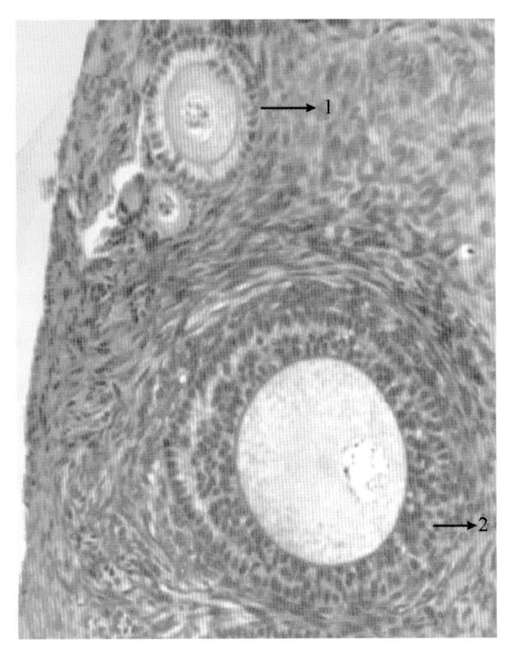

附图 16－2　兔卵巢（HE 染色，高倍）

1. 初级卵泡　2. 次级卵泡

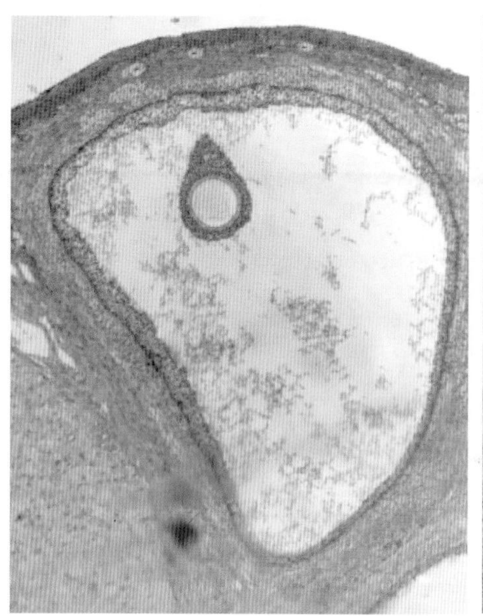

附图 16 - 3　兔卵巢皮质（HE 染色，低倍）

此图为皮质中三级卵泡

附图 16 - 4　兔卵巢（HE 染色，低倍）

1. 黄体

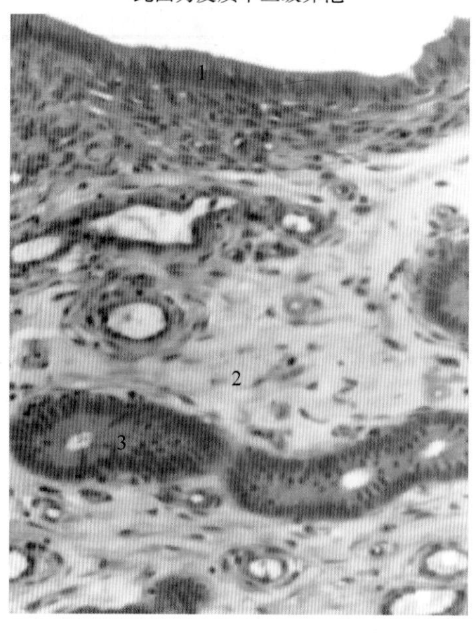

附图 16 - 5　羊子宫（HE 染色，高倍）

1. 上皮　2. 固有层　3. 子宫腺